INTRODUCTION AUX ALGORITHMES

ET À LA PROGRAMMATION

SOUS SCRATCH 3.0

EN MATHÉMATIQUES À PARTIR DU

COLLÈGE

MYRIAM GINESTE

Bibliographie (mathématiques)

Géométrie créative – KDP
Introduction aux algorithmes et à la programmation en mathématiques à partir du collège – KDP

Table des matières

Introduction

Une croyance fort commune est que les ordinateurs sont des machines très intelligentes. C'est complètement faux, un ordinateur est très bête et démuni sans les programmateurs et créateurs de logiciels.

Un ordinateur, ou une calculatrice programmable, n'est pas capable de comprendre autre chose que les instructions précises utilisées comme langage. S'il y a une simple faute d'orthographe dans le code qui lui est donné, il est perdu. Il est incapable d'intuition, tout juste pourra-t-il, souvent, dire le type d'erreur auquel il est confronté.

Par contre, il est capable de réaliser des tâches répétitives très rapidement et sans jamais se lasser. Si nous lui demandons de compter le nombre de « e » dans un texte, même long de plusieurs milliers de pages, il le fera de façon précise, fiable et rapide.

C'est pourquoi, pour pouvoir créer un programme, il va d'abord falloir en écrire la structure : l'algorithme, puis traduire le résultat dans un langage informatique. Il y a une bonne quantité de langages différents. Pour les calculatrices, ils dépendent de la marque et du type de calculatrice. Pour les ordinateurs, ils dépendent du système d'exploitation et du type de logiciel que vous voulez créer.

Dans ce livre, nous allons d'abord apprendre à comprendre, puis à rédiger des algorithmes, ce qui permet d'acquérir une logique qui sera utile pour tous types de programmation. Puis, nous étudierons le logiciel Scratch, qui est au brevet des collèges.

Les corrigés des exercices sont fournis dans le livre, évidemment vous pourriez "tricher" et les lire au lieu d'y réfléchir, cela serait dommage si votre but est de savoir écrire des algorithmes et des programmes avec Scratch 3.0.

Partie I : Les algorithmes

Leçon 1

Quand nous effectuons une tâche habituelle, dans la vie courante, nous n'avons plus besoin de la décomposer en un ensemble de petits gestes, nous les effectuons automatiquement. Pourtant, quand nous avons appris à la réaliser, au départ, nous avons dû en maîtriser toutes les techniques afin d'arriver au résultat qui nous paraît si naturel aujourd'hui, comme de faire un lacet ou de boutonner des vêtements.

Un ordinateur a, comme nous, besoin qu'on lui décortique la tâche en une suite, si possible logique, d'instructions simples afin de pouvoir effectuer son travail.

Il a, également, souvent besoin qu'on lui donne une liste de tous les éléments qu'il va devoir utiliser afin qu'il leur réserve de la place dans sa mémoire.

Il faudra prévoir, en plus, dans un programme un peu complexe, de lui donner des instructions en cas d'erreurs de saisie des utilisateurs du logiciel, sinon il sera perdu et bloqué.

Plus le logiciel créé sera long, plus il faudra que le créateur ajoute de commentaires décrivant le but de chaque ligne d'instructions afin de pouvoir comprendre ce qu'il a fait longtemps après ou bien si quelqu'un d'autre doit essayer de modifier le programme.

Cela peut être aussi judicieux de mettre des commentaires dans un algorithme afin de mieux comprendre son fonctionnement. Dans ce livre, je vais les écrire en italique et entourés d'étoiles sur la même ligne que l'instruction, de cette façon : *explications*

<u>Commençons par un exemple :</u> nous voulons effectuer et afficher la somme de deux nombres que l'utilisateur saisira.

Il nous faut donc prévoir des emplacements pour les deux nombres et un pour le résultat de l'addition de ces nombres. Ces emplacements sont appelés des variables, car ils changent à chaque saisie de l'utilisateur. Pour une calculatrice, le nom des variables sera composé d'une seule lettre de l'alphabet. Pour un ordinateur, nous pourrons lui donner un nom plus long, il faudra juste faire attention d'éviter les mots réservés du langage utilisé.

Les variables peuvent être des nombres entiers, des nombres réels, du texte ou bien des valeurs logiques : vrai/faux.

Si nous avions utilisé un nombre comme π (environ 3,14), cela s'appellerait une constante, puisqu'il ne change jamais.

Le texte affiché par le programme ou dans les variables est toujours écrit entre guillemets.

Nous devons demander à l'utilisateur de saisir les deux nombres qu'il a choisis, nous devons ensuite additionner ces nombres et enfin nous devons afficher le résultat.

Algorithme :

Variables :

A est un nombre

B est un nombre

S est un nombre

Début

Afficher "Veuillez saisir le premier nombre"   *il est important de préciser ce que l'utilisateur doit écrire pour éviter les erreurs de saisie*

Lire A

Afficher "Veuillez saisir le deuxième nombre"

Lire B

S ← A + B   *le symbole ← signifie qu'il faut stocker le résultat de A + B dans S*

Afficher "La somme de ",A," et ",B," est : ",S   *il est important de bien expliquer le résultat du calcul effectué par le programme pour que ce soit clair pour l'utilisateur. Pour les algorithmes, on doit utiliser la virgule pour séparer les différents éléments affichés, dans un vrai programme, cela dépend du langage utilisé. Attention, l'ordinateur ou la calculatrice ne prennent pas en compte des espaces après les virgules, si on veut des espaces entre le texte affiché et les résultats calculés par la machine, il faut penser à les ajouter dans les guillemets, comme dans l'exemple*

Fin

Exercices :

1) En utilisant l'exemple ci-dessus, écrire un algorithme qui effectue l'addition de trois nombres saisis par l'utilisateur.

2) Écrire un algorithme qui effectue la soustraction de deux nombres saisis par l'utilisateur.

3) Écrire un algorithme qui effectue la multiplication de deux nombres saisis par l'utilisateur.

Leçon 2

Nous pouvons écrire un algorithme qui effectue plusieurs calculs à la suite. Nous avons alors le choix de réutiliser une même variable ou bien de la laisser telle quelle et d'utiliser une autre variable pour la suite des calculs.

Par exemple : nous voulons écrire un programme de calcul qui, à partir d'un nombre A saisi par l'utilisateur, soustraira d'abord 5 à ce nombre, affichera le résultat intermédiaire R = (A − 5), puis multipliera ce résultat par la somme du nombre de départ et de 3, soit : R = (A − 5) x (A + 3)

On pense alors à prévoir une variable pour le nombre de départ, une pour le résultat de la soustraction, une pour le résultat de l'addition et une pour le résultat final. C'est, généralement, la première façon d'écrire un programme pour un débutant.

Pourtant, on a l'habitude, en tant qu'informaticien, d'éviter d'utiliser des variables en grande quantité, car cela devient très compliqué à gérer dans des logiciels de grande taille et, aussi, cela prend de la place en mémoire pour rien. Même si les capacités de stockage des machines se sont nettement améliorées, ce n'est pas forcément une bonne idée de les encombrer.

Nous allons donc seulement utiliser une variable pour le nombre saisi et une pour le résultat.

La multiplication s'écrit avec une étoile *, la division avec un slash / pour les ordinateurs.

Algorithme :

Variables :

A est un nombre

R est un nombre

Début

Afficher "Veuillez saisir le nombre"

Lire A

R ← A – 5

Afficher "Le résultat intermédiaire est ",R

R ← R * (A + 3)   *La machine lit le nombre stocké dans R, le multiplie par A+3 et écrit le résultat dans R, effaçant le résultat précédent*

Afficher "Le résultat final est ",R

Fin

Exercices :

1) En utilisant l'exemple ci-dessus, écrire un algorithme qui effectue le programme suivant : prendre un nombre A, le multiplier par 5 et afficher le résultat intermédiaire R = A x 5, puis additionner ce résultat avec la différence du nombre de départ et de 10, soit : R = (A x 5) + (A – 10).

2) Écrire un algorithme qui effectue le programme suivant : prendre un nombre A, le diviser par 2 et afficher le résultat intermédiaire R = A : 2, puis soustraire ce résultat au produit du nombre de départ et de 5, soit :
R = (A x 5) - (A : 2).

3) Écrire un algorithme qui effectue le programme suivant : prendre un nombre A, lui additionner 11 et afficher le résultat intermédiaire R = A + 11, puis diviser ce résultat par la différence du nombre de départ et de 4, soit :
R = (A + 11) : (A – 4).

Leçon 3

Nous pouvons écrire un algorithme qui effectue plusieurs calculs différents pour donner des résultats complexes.

Par exemple : nous voulons écrire un algorithme qui donnera le quotient Q et le reste R d'une division euclidienne, c'est-à-dire ne comportant que des nombres entiers. Nous pourrons nommer A le dividende et B le diviseur.

Algorithme :

Variables :

A est un nombre

B est un nombre

Q est un nombre

R est un nombre

Début

Afficher "Veuillez saisir le dividende"

Lire A

Afficher "Veuillez saisir le diviseur"

Lire B

Q ← ENT(A / B)   *ENT() est une fonction mathématique qui prend la partie entière d'un nombre, c'est-à-dire la partie du nombre située avant la virgule*

Afficher "Le quotient de la division euclidienne de ",A," par ",B," est ",Q

R ← A – Q * B

Afficher "Le reste est ",R

Fin

Exercices :

1) En utilisant l'exemple ci-dessus, écrire un algorithme qui effectue la division de A par B et qui donne le quotient et le reste, le quotient ayant jusqu'à un chiffre après la virgule. Pour cela, l'astuce consiste à écrire :

Q ← ENT(A * 10 / B) / 10.

2) En utilisant l'exemple ci-dessus, écrire un algorithme qui effectue la division de A par B et qui donne le quotient et le reste, le quotient ayant jusqu'à deux chiffres après la virgule. Pour cela, l'astuce consiste à écrire :

Q ← ENT(A * 100 / B) / 100.

3) En utilisant l'exemple ci-dessus, écrire un algorithme qui effectue la division de A par B et qui donne le quotient et le reste, le quotient ayant jusqu'à trois chiffres après la virgule.

Leçon 4

Nous pouvons écrire un algorithme qui teste les valeurs d'une variable afin de donner des résultats différents.

Pour cela, nous utilisons la fonction "Si" avec "Alors" et "Sinon", elle se termine avec "FinSi". Les instructions qui suivent le "Alors" et le "Sinon" sont décalées vers la droite afin que l'algorithme reste lisible facilement.

<u>Par exemple :</u> nous voulons écrire un algorithme qui effectuera soit une addition, soit une soustraction, en fonction de ce que décide l'utilisateur. Pour cela, nous utilisons une variable texte en plus des variables nombres habituelles.

Algorithme :

<u>Variables :</u>
A est un nombre
B est un nombre
R est un nombre
Q est du texte
<u>Début</u>
Afficher "Veuillez saisir le premier terme"
Lire A
Afficher "Veuillez saisir le deuxième terme"
Lire B
Afficher "Pour une addition, saisir A, pour une soustraction, saisir S"
Lire Q
Si Q = "A"
Alors

R ← A + B   *Décalage des instructions vers la droite*

Afficher "La somme est ",R

Sinon

R ← A – B   *Tant qu'on saisit un autre caractère que "A", le programme effectuera une soustraction, si nous voulions vérifier qu'il s'agit bien d'un "S", il faudrait ajouter un autre Si qui vérifie que la saisie est un "S" et envoie un message d'erreur dans le cas d'une saisie différente*

Afficher "La différence est ",R

FinSi

Fin

Exercices :

1) En utilisant l'exemple ci-dessus, écrire un algorithme qui effectue une multiplication ou une division, suivant le choix de l'utilisateur.

2) En utilisant l'exemple ci-dessus, écrire un algorithme qui multiplie un nombre par 2 ou le multiplie par lui-même (pour le mettre au carré), suivant le choix de l'utilisateur.

3) En utilisant l'exemple ci-dessus, écrire un algorithme qui multiplie un nombre par 3 ou le divise par 2, suivant le choix de l'utilisateur.

Leçon 5

Nous pouvons écrire un algorithme qui teste plusieurs valeurs d'une variable en imbriquant les fonctions "Si". Il faudra être bien attentif à la façon d'écrire l'algorithme pour ne pas oublier d'instructions.

Pour cela, il est judicieux de décaler les instructions vers la droite.

Par exemple : nous voulons écrire un algorithme qui effectuera soit une addition, soit une soustraction, soit une multiplication, soit une division en fonction de ce que décide l'utilisateur.

Algorithme :

Variables :
A est un nombre
B est un nombre
R est un nombre
Q est du texte
Début
Afficher "Veuillez saisir le premier terme"
Lire A
Afficher "Veuillez saisir le deuxième terme"
Lire B
Afficher "Pour une addition, saisir A, pour une soustraction, saisir S"
Afficher "Pour une multiplication, saisir M ou pour une division, saisir D"
Lire Q
Si Q = "A"
Alors

```
        R ← A + B
        Afficher "La somme est ",R
Sinon
    Si Q = "S"
    Alors
            R ← A − B    *Décalage à droite plus marqué*
            Afficher "La différence est ",R
    Sinon
        Si Q = "M"
        Alors
                R ← A * B    *Décalage à droite encore plus marqué*
                Afficher "Le produit est ",R
        Sinon
            Si Q = "D"
            Alors
                    R ← A / B    *Décalage à droite encore plus marqué*
                    Afficher "Le quotient est ",R
            Sinon
                    Afficher "Erreur dans la saisie, saisir A, S, M ou D"
            FinSi    *Fin du 4ème Si*
        FinSi    *Fin du 3ème Si*
    FinSi    *Fin du 2ème Si*
FinSi    *Fin du 1er Si*
Fin
```

Exercices :

1) En utilisant l'exemple ci-dessus, écrire un algorithme qui multiplie un nombre par 2, 3 ou 4, suivant le choix de l'utilisateur.

2) En utilisant l'exemple ci-dessus, écrire un algorithme qui ajoute 10, 20 ou 30 à un nombre, suivant le choix de l'utilisateur.

3) En utilisant l'exemple ci-dessus, écrire un algorithme qui divise un nombre par 2, par 5, par 10 ou par 20, suivant le choix de l'utilisateur. Il est possible de tester une variable de type nombre.

Leçon 6

Nous pouvons écrire un algorithme qui donne des résultats différents en fonction des valeurs d'un nombre saisi par l'utilisateur.

Par exemple : nous voulons écrire un algorithme qui calculera les images de nombres par une fonction f de la forme :

si x < -2 alors f(x) = -5x + 3

si -2 ≤ x ≤ 3 alors f(x) = 4x – 1

si x > 3 alors f(x) = 2x - 7

Algorithme :

Variables :

X est un nombre

Y est un nombre

Début

Afficher "Veuillez saisir X"

Lire X

Si X < -2

Alors

    $Y \leftarrow -5 * X + 3$

Sinon

    Si X > 3

    Alors

        $Y \leftarrow 2 * X – 7$

    Sinon   *X est donc bien entre -2 et 3 inclus*

        $Y \leftarrow 4 * X – 1$

    FinSi

FinSi

Afficher "L'image de ",X," par la fonction f est ",Y

<u>Fin</u>

Exercices :

1) En utilisant l'exemple ci-dessus, écrire un algorithme qui calcule l'image d'un nombre saisi par l'utilisateur par la fonction g de la forme :

si x < 0 alors g(x) = (-x + 2)/x

si x = 0 alors g(x) = 1

si x > 0 alors g(x) = (x + 2)/x

2) En utilisant l'exemple ci-dessus, écrire un algorithme qui calcule l'image d'un nombre saisi par l'utilisateur par la fonction h de la forme :

si x < 5 alors h(x) = (x + 3)/(x - 5)

si 5 ≤ x ≤ 8 alors h(x) = (x + 2)/(x - 9)

si x > 8 alors h(x) = (x + 4)/(x − 8)

3) En utilisant l'exemple ci-dessus, écrire un algorithme qui calcule l'image d'un nombre saisi par l'utilisateur par la fonction k de la forme :

si x < -1 alors k(x) = (3x - 1)/(x + 1)

si -1 ≤ x ≤ 2 alors k(x) = (x - 5)/(x - 3)

si x > 2 alors k(x) = (2x - 7)/(x + 2)

Leçon 7

Nous pouvons écrire un algorithme qui teste le résultat d'un calcul au lieu de tester la saisie d'un nombre.

Par exemple : nous voulons écrire un algorithme qui dira si un nombre entier est divisible par un autre entier ou pas. Les deux nombres seront saisis par l'utilisateur.

Algorithme :

Variables :

X est un nombre

Y est un nombre

R est un nombre

Début

Afficher "Veuillez saisir le nombre à tester"

Lire X

Afficher "Veuillez saisir le diviseur"

Lire Y

R ← X − ENT(X/Y)*Y   *On reprend le calcul effectué dans l'algorithme de la division euclidienne*

Si R = 0

Alors

Afficher "Le nombre ",X," est divisible par ",Y

Sinon

Afficher "Le nombre ",X," n'est pas divisible par ",Y

FinSi

Fin

Exercices :

1) En utilisant l'exemple ci-dessus, écrire un algorithme qui dit si un nombre entier, saisi par l'utilisateur, est pair ou impair. Pour cela, il suffira d'appliquer l'algorithme exemple pour voir si un nombre est divisible par 2 ou pas.

2) En utilisant l'exemple ci-dessus, écrire un algorithme qui calcule l'image d'un nombre entier saisi par l'utilisateur par la fonction m de la forme :

si x est divisible par 5 alors $m(x) = \dfrac{x}{5} + 8$

sinon $m(x) = 5x + 2$

3) En utilisant l'exemple ci-dessus, écrire un algorithme qui calcule l'image d'un nombre entier saisi par l'utilisateur par la fonction l de la forme :

si x est divisible par 3 alors $l(x) = \dfrac{4x}{3}$

si x est divisible par 4 mais pas par 3 alors $l(x) = \dfrac{3x}{4}$

sinon $l(x) = 12x - 7$

Leçon 8

Nous pouvons écrire un algorithme qui fonctionnera jusqu'à ce que l'utilisateur lui demande de s'arrêter en utilisant une boucle. Une boucle est une fonction qui permet de continuer tant qu'une condition n'est pas remplie.

<u>Par exemple :</u> nous voulons écrire un algorithme qui résoudra des équations du type ax + b = cx + d, tant que l'utilisateur ne lui demande pas de s'arrêter. Nous utiliserons une variable texte contenant "O" pour oui et "N" pour non, saisie par l'utilisateur.

Algorithme :

<u>Variables :</u>

A est un nombre

B est un nombre

C est un nombre

D est un nombre

X est un nombre

R est du texte

<u>Début</u>

R ← "O"   *On donne la valeur oui à la variable pour pouvoir commencer le travail*

Tant que R = "O"

      Afficher "Pour résoudre une équation du type ax + b = cx + d"

      Afficher "Veuillez saisir a :"

      Lire A

      Afficher "Veuillez saisir b :"

      Lire B

      Afficher "Veuillez saisir c :"

Lire C

Afficher "Veuillez saisir d :"

Lire D

Si A – C ≠ 0

Alors

      X ← (D – B)/(A – C)

      Afficher "Le résultat de l'équation est ",X

Sinon

      Afficher "Cette équation n'a pas de solution"

FinSi

Afficher "Voulez-vous saisir une autre équation ? (O/N) : "

Lire R

FinTant que

Fin

Exercices :

1) En utilisant l'exemple ci-dessus, écrire un algorithme qui donne la solution d'équations de la forme ax + b = 0.

2) En utilisant l'exemple ci-dessus, écrire un algorithme qui donne la solution d'équations de la forme ax + b = c.

3) En utilisant l'exemple ci-dessus, écrire un algorithme qui donne la solution d'équations de la forme ax + b = cx.

Leçon 9

Nous pouvons écrire un algorithme qui fonctionnera jusqu'à ce qu'il ait atteint une valeur choisie au départ.

Par exemple : nous voulons écrire un algorithme qui calculera un montant final économisé et le temps qu'il aura fallu pour y parvenir quand quelqu'un dépose régulièrement le même montant dans une tirelire qui contenait une certaine somme au départ. L'utilisateur saisira le montant initial, la somme versée et le montant final désiré.

Algorithme :

Variables :

I est un nombre

F est un nombre

S est un nombre

R est un nombre

N est un nombre

Début

Afficher "Quel est le montant initial ?"

Lire I

Afficher "Quelle est la somme déposée régulièrement :"

Lire S

Afficher "Quel est le montant final désiré :"

Lire F

N ← 0   *On donne la valeur 0 à la variable qui comptera le nombre de jours, semaines ou mois pendant lesquels la somme est versée régulièrement*

R ← I   *On met le montant initial dans la variable qui calcule le montant économisé après chaque dépôt d'argent*

Tant que R < F

     N ← N + 1

     R ← R + S

FinTant que

Afficher "En partant de ",I," et en ajoutant régulièrement ",S

Afficher " il faudra ",N," versements pour arriver à au moins ",F   *on est parfois obligé de séparer l'affichage en plusieurs lignes afin que cela rentre dans l'écran, particulièrement pour les calculatrices*

<u>Fin</u>

Exercices :

1) En utilisant l'exemple ci-dessus, écrire un algorithme qui calcule le temps nécessaire à obtenir un montant désiré quand la somme versée augmente de 1 à chaque versement.

2) En utilisant l'exemple ci-dessus, écrire un algorithme qui calcule le temps nécessaire à obtenir un montant désiré quand la somme versée est multipliée par le nombre de versements effectués à chaque versement. Pour cela, il faudra multiplier S par N.

3) En utilisant l'exemple ci-dessus, ajouter une boucle qui permet de continuer le premier programme tant que l'utilisateur choisit de continuer.

Leçon 10

Nous pouvons écrire un algorithme qui utilise une autre fonction existante, la fonction Pour. Cette fonction permet de faire plusieurs fois le même calcul, un peu comme la fonction Tant que. La différence est que la fonction Pour incrémente une variable, c'est-à-dire qu'elle ajoute 1 à une variable nombre, à chaque boucle, jusqu'à ce qu'elle atteigne la valeur choisie au départ par l'utilisateur.

Par exemple : nous voulons écrire un algorithme qui calculera la moyenne d'une série de nombres. L'utilisateur saisira le nombre de valeurs à saisir et les valeurs.

Algorithme :

Variables :
I est un nombre
N est un nombre
M est un nombre
A est un nombre

Début
Afficher "Combien de nombres allez-vous saisir ?"
Lire N
M ← 0   *on initialise le total des nombres en lui donnant pour valeur 0*
Pour I = 1 à N
        Afficher "Saisir le nombre ",I," : "   *on demande le nombre numéro 1, puis le 2, etc. jusqu'au dernier*
        Lire A
        M ← M + A
FinPour

M ← M / N
Afficher "La moyenne des nombres est ",M
<u>Fin</u>

Exercices :

1) En utilisant l'exemple ci-dessus, écrire un algorithme qui calcule la somme de plusieurs nombres.

2) En utilisant l'exemple ci-dessus, écrire un algorithme qui calcule le produit de plusieurs nombres.

3) En utilisant l'exemple ci-dessus, écrire un algorithme qui calcule une moyenne pondérée. Pour cela, il faut ajouter une variable K dans laquelle l'utilisateur saisira le coefficient de chaque nombre et une variable T qui calculera le nombre par lequel on divisera la somme des nombres pondérés. C'est-à-dire qu'on écrira :

    M ← M + A * K
    T ← T + K

dans la boucle Pour. Puis il faudra changer la division finale et remplacer N par T.

Correction des exercices

Leçon 1 :

1) En utilisant l'exemple ci-dessus, écrire un algorithme qui effectue l'addition de trois nombres saisis par l'utilisateur.

Algorithme :

Variables :
A est un nombre
B est un nombre
C est un nombre
S est un nombre
Début
Afficher "Veuillez saisir le premier nombre"
Lire A
Afficher "Veuillez saisir le deuxième nombre"
Lire B
Afficher "Veuillez saisir le troisième nombre"
Lire C
S ← A + B + C
Afficher "La somme de ",A," ",B," et ",C," est : ",S
Fin

2) Écrire un algorithme qui effectue la soustraction de deux nombres saisis par l'utilisateur.

Algorithme :

Variables :

A est un nombre

B est un nombre

S est un nombre

Début

Afficher "Veuillez saisir le premier nombre"

Lire A

Afficher "Veuillez saisir le deuxième nombre"

Lire B

S ← A - B

Afficher "La différence de ",A," et ",B," est : ",S

Fin

3) Écrire un algorithme qui effectue la multiplication de deux nombres saisis par l'utilisateur.

Algorithme :

Variables :

A est un nombre

B est un nombre

S est un nombre

Début

Afficher "Veuillez saisir le premier nombre"

Lire A

Afficher "Veuillez saisir le deuxième nombre"

Lire B

S ← A * B

Afficher "Le produit de ",A," et ",B," est : ",S

Fin

Leçon 2 :

1) En utilisant l'exemple ci-dessus, écrire un algorithme qui effectue le programme suivant : prendre un nombre A, le multiplier par 5 et afficher le résultat intermédiaire R = A x 5, puis additionner ce résultat avec la différence du nombre de départ et de 10, soit : R = (A x 5) + (A – 10).

Algorithme :

Variables :

A est un nombre

R est un nombre

Début

Afficher "Veuillez saisir le nombre"

Lire A

R ← A * 5

Afficher "Le résultat intermédiaire est ",R

R ← R + (A - 10)

Afficher "Le résultat final est ",R

Fin

2) Écrire un algorithme qui effectue le programme suivant : prendre un nombre A, le diviser par 2 et afficher le résultat intermédiaire R = A : 2, puis soustraire ce résultat au produit du nombre de départ et de 5, soit :

R = (A x 5) - (A : 2).

Algorithme :

Variables :

A est un nombre

R est un nombre

Début

Afficher "Veuillez saisir le nombre"

Lire A

R ← A / 2

Afficher "Le résultat intermédiaire est ",R

R ← (A * 5) - R

Afficher "Le résultat final est ",R

Fin

3) Écrire un algorithme qui effectue le programme suivant : prendre un nombre A, lui additionner 11 et afficher le résultat intermédiaire R = A + 11, puis diviser ce résultat par la différence du nombre de départ et de 4, soit :

R = (A + 11) : (A − 4).

Algorithme :

Variables :

A est un nombre

R est un nombre

Début

Afficher "Veuillez saisir le nombre"

Lire A

R ← A + 11

Afficher "Le résultat intermédiaire est ",R

R ← R / (A - 4)

Afficher "Le résultat final est ",R

Fin

Leçon 3 :

1) En utilisant l'exemple ci-dessus, écrire un algorithme qui effectue la division de A par B et qui donne le quotient et le reste, le quotient ayant jusqu'à un chiffre après la virgule. Pour cela, l'astuce consiste à écrire :

$Q \leftarrow ENT(A * 10 / B) / 10$.

Algorithme :

<u>Variables :</u>

A est un nombre

B est un nombre

Q est un nombre

R est un nombre

<u>Début</u>

Afficher "Veuillez saisir le dividende"

Lire A

Afficher "Veuillez saisir le diviseur"

Lire B

$Q \leftarrow ENT(A * 10 / B) / 10$

Afficher "Le quotient de la division de ",A," par ",B," au dixième est ",Q

$R \leftarrow A - Q * B$

Afficher "Le reste est ",R

<u>Fin</u>

2) En utilisant l'exemple ci-dessus, écrire un algorithme qui effectue la division de A par B et qui donne le quotient et le reste, le quotient ayant jusqu'à deux chiffres après la virgule. Pour cela, l'astuce consiste à écrire :

Q ← ENT(A * 100 / B) * 100.

Algorithme :

Variables :

A est un nombre

B est un nombre

Q est un nombre

R est un nombre

Début

Afficher "Veuillez saisir le dividende"

Lire A

Afficher "Veuillez saisir le diviseur"

Lire B

Q ← ENT(A * 100 / B) / 100

Afficher "Le quotient de la division de ",A," par ",B," au centième est ",Q

R ← A – Q * B

Afficher "Le reste est ",R

Fin

3) En utilisant l'exemple ci-dessus, écrire un algorithme qui effectue la division de A par B et qui donne le quotient et le reste, le quotient ayant jusqu'à trois chiffres après la virgule.

Algorithme :

Variables :

A est un nombre

B est un nombre

Q est un nombre

R est un nombre

Début

Afficher "Veuillez saisir le dividende"

Lire A

Afficher "Veuillez saisir le diviseur"

Lire B

Q ← ENT(A * 1000 / B) / 1000

Afficher "Le quotient de la division de ",A," par ",B," au millième est ",Q

R ← A – Q * B

Afficher "Le reste est ",R

Fin

Leçon 4 :

1) En utilisant l'exemple ci-dessus, écrire un algorithme qui effectue une multiplication ou une division, suivant le choix de l'utilisateur.

Algorithme :

Variables :

A est un nombre

B est un nombre

R est un nombre

Q est du texte

Début

Afficher "Veuillez saisir le premier terme"

Lire A

Afficher "Veuillez saisir le deuxième terme"

Lire B

Afficher "Pour une multiplication, saisir M, pour une division, saisir D"

Lire Q

Si Q = "M"

      Alors R ← A * B

      Afficher "Le produit est ",R

Sinon

      R ← A / B

      Afficher "Le quotient est ",R

FinSi

Fin

2) En utilisant l'exemple ci-dessus, écrire un algorithme qui multiplie un nombre par 2 ou le multiplie par lui-même (pour le mettre au carré), suivant le choix de l'utilisateur.

Algorithme :

Variables :

A est un nombre

Q est du texte

Début

Afficher "Veuillez saisir le nombre"

Lire A

Afficher "Pour une multiplication par 2, saisir M"

Afficher "pour une mise au carré, saisir C"

Lire Q

Si Q = "M"

      Alors A ← A * 2

      Afficher "Le résultat est ",A

Sinon

      A ← A * A

      Afficher "Le résultat est ",A

FinSi

Fin

3) En utilisant l'exemple ci-dessus, écrire un algorithme qui multiplie un nombre par 3 ou le divise par 2, suivant le choix de l'utilisateur.

Algorithme :

Variables :

A est un nombre

Q est du texte

Début

Afficher "Veuillez saisir le nombre"

Lire A

Afficher "Pour une multiplication par 3, saisir M"

Afficher "pour une division par 2, saisir D"

Lire Q

Si Q = "M"

      Alors A ← A * 3

      Afficher "Le triple est ",A

Sinon

      A ← A / 2

      Afficher "La moitié est ",A

FinSi

Fin

Leçon 5 :

1) En utilisant l'exemple ci-dessus, écrire un algorithme qui multiplie un nombre par 2, 3 ou 4, suivant le choix de l'utilisateur.

Algorithme :

Variables :

A est un nombre

R est un nombre

Q est un nombre

Début

Afficher "Veuillez saisir le nombre"

Lire A

Afficher "Pour le multiplier par 2, saisir 2, pour le multiplier par 3"

Afficher "saisir 3 ou pour le multiplier par 4, saisir 4"

Lire Q

Si Q = 2

    Alors R ← A * 2

    Afficher "Le double de",A," est ",R

Sinon

    Si Q = 3

    Alors

        R ← A * 3

        Afficher "Le triple de",A," est ",R

    Sinon

        Si Q = 4

        Alors

            R ← A * 4

            Afficher "Le quadruple de",A," est ",R

        Sinon

            Afficher "Erreur de saisie, il faut saisir 2 , 3 ou 4"

FinSi

FinSi

FinSi

<u>Fin</u>

2) En utilisant l'exemple ci-dessus, écrire un algorithme qui ajoute 10, 20 ou 30 à un nombre, suivant le choix de l'utilisateur.

Algorithme :

Variables :

A est un nombre

R est un nombre

Q est un nombre

Début

Afficher "Veuillez saisir le nombre"

Lire A

Afficher "Pour lui ajouter 10, saisir 10, pour lui ajouter 20"

Afficher "saisir 20 ou pour lui ajouter 30, saisir 30"

Lire Q

Si Q = 10

    Alors R ← A + 10

    Afficher "La somme de 10 et ",A," est ",R

Sinon

    Si Q = 20

    Alors

        R ← A + 20

        Afficher "La somme de 20 et ",A," est ",R

    Sinon

        Si Q = 30

        Alors

            R ← A + 30

            Afficher "La somme de 30 et ",A," est ",R

        Sinon

            Afficher "Erreur de saisie, il faut saisir 10 , 20 ou 30"

        FinSi

    FinSi

FinSi

Fin

48

3) En utilisant l'exemple ci-dessus, écrire un algorithme qui divise un nombre par 2, par 5, par 10 ou par 20, suivant le choix de l'utilisateur. Il est possible de tester une variable de type nombre.

Algorithme :

Variables :

A est un nombre

R est un nombre

Q est un nombre

Début

Afficher "Veuillez saisir le nombre"

Lire A

Afficher "Pour le diviser par 2, saisir 2, pour le diviser par 5, saisir 5"

Afficher "Pour le diviser par 10, saisir 10 ou pour le diviser par 20, saisir 20"

Lire Q

Si Q = 2

    Alors R ← A / 2

    Afficher "La moitié de",A," est ",R

Sinon

    Si Q = 5

    Alors

        R ← A / 5

        Afficher "Le cinquième de",A," est ",R

    Sinon

        Si Q = 10

        Alors

            R ← A / 10

            Afficher "Le dixième de",A," est ",R

        Sinon

            Si Q = 20

            Alors

```
                    R ← A / 20
                    Afficher "Le vingtième de",A," est ",R
            Sinon
                    Afficher "Erreur de saisie, il faut saisir 2, 5, 10 ou 20"
            FinSi
        FinSi
    FinSi
FinSi
Fin
```

Leçon 6 :

1) En utilisant l'exemple ci-dessus, écrire un algorithme qui calcule l'image d'un nombre saisi par l'utilisateur par la fonction g de la forme :

si x < 0 alors g(x) = (-x + 2)/x

si x = 0 alors g(x) = 1

si x > 0 alors g(x) = (x + 2)/x

Algorithme :

Variables :

X est un nombre

Y est un nombre

Début

Afficher "Veuillez saisir X"

Lire X

Si X < 0

Alors

    Y ← (-X + 2)/X

Sinon

    Si X > 0

    Alors

        Y ← (X + 2)/X

    Sinon

        Y ← 1

    FinSi

FinSi

Afficher "L'image de ",X," par la fonction g est ",Y

Fin

2) En utilisant l'exemple ci-dessus, écrire un algorithme qui calcule l'image d'un nombre saisi par l'utilisateur par la fonction h de la forme :

si x < 5 alors h(x) = (x + 3)/(x - 5)

si 5 ≤ x ≤ 8 alors h(x) = (x + 2)/(x - 9)

si x > 8 alors h(x) = (x + 4)/(x – 8)

Algorithme :

Variables :

X est un nombre

Y est un nombre

Début

Afficher "Veuillez saisir X"

Lire X

Si X < 5

Alors

     Y ← (X + 3)/(X – 5)

Sinon

     Si X > 8

     Alors

          Y ← (X + 4)/(X – 8)

     Sinon

          Y ← (X + 2)/(X – 9)

     FinSi

FinSi

Afficher "L'image de ",X," par la fonction h est ",Y

Fin

3) En utilisant l'exemple ci-dessus, écrire un algorithme qui calcule l'image d'un nombre saisi par l'utilisateur par la fonction k de la forme :

si x < -1 alors k(x) = (3x - 1)/(x + 1)

si -1 ≤ x ≤ 2 alors k(x) = (x - 5)/(x - 3)

si x > 2 alors k(x) = (2x - 7)/(x + 2)

Algorithme :

Variables :

X est un nombre

Y est un nombre

Début

Afficher "Veuillez saisir X"

Lire X

Si X < -1

Alors

     Y ← (3*X - 1)/(X + 1)

Sinon

     Si X > 2

     Alors

          Y ← (2*X - 7)/(X + 2)

     Sinon

          Y ← (X – 5)/(X – 3)

     FinSi

FinSi

Afficher "L'image de ",X," par la fonction k est ",Y

Fin

Leçon 7 :

1) En utilisant l'exemple ci-dessus, écrire un algorithme qui dit si un nombre entier, saisi par l'utilisateur, est pair ou impair. Pour cela, il suffira d'appliquer l'algorithme exemple pour voir si un nombre est divisible par 2 ou pas.

Algorithme :

Variables :

X est un nombre

R est un nombre

Début

Afficher "Veuillez saisir le nombre à tester"

Lire X

R ← X − ENT(X/2)*2

Si R = 0

Alors

    Afficher "Le nombre ",X," est pair"

Sinon

    Afficher "Le nombre ",X," est impair "

FinSi

Fin

2) En utilisant l'exemple ci-dessus, écrire un algorithme qui calcule l'image d'un nombre entier saisi par l'utilisateur par la fonction m de la forme :

si x est divisible par 5 alors $m(x) = \dfrac{x}{5} + 8$

sinon $m(x) = 5x + 2$

Algorithme :

Variables :

X est un nombre

Y est un nombre

R est un nombre

Début

Afficher "Veuillez saisir le nombre"

Lire X

R ← X − ENT(X/5)*5

Si R = 0

Alors

      Y ← X / 5 + 8

      Afficher "L'image de ",X," par la fonction m est ",Y

Sinon

      Y ← X * 5 + 2

      Afficher "L'image de ",X," par la fonction m est ",Y

FinSi

Fin

3) En utilisant l'exemple ci-dessus, écrire un algorithme qui calcule l'image d'un nombre entier saisi par l'utilisateur par la fonction I de la forme :

si x est divisible par 3 alors I(x) = $\dfrac{4x}{3}$

si x est divisible par 4 mais pas par 3 alors I(x) = $\dfrac{3x}{4}$

sinon I(x) = 12x − 7

Algorithme :

Variables :

X est un nombre

Y est un nombre

R est un nombre

P est un nombre

Début

Afficher "Veuillez saisir le nombre"

Lire X

R ← X − ENT(X/3)*3

Si R = 0

Alors

    Y ← 4*X/3

    Afficher "L'image de ",X," par la fonction I est ",Y

Sinon

    P ← X − ENT(X/4)*4

    Si P = 0

    Alors

        Y ← 3*X/4

        Afficher "L'image de ",X," par la fonction I est ",Y

    Sinon

        Y ← 12*X - 7

    FinSi

FinSi

<u>Fin</u>

Leçon 8 :

1) En utilisant l'exemple ci-dessus, écrire un algorithme qui donne la solution d'équations de la forme ax + b = 0.

Algorithme :

Variables :

A est un nombre

B est un nombre

X est un nombre

R est du texte

Début

R ← "O"

Tant que R = "O"

    Afficher "Pour résoudre une équation du type ax + b = 0"

    Afficher "Veuillez saisir a :"

    Lire A

    Afficher "Veuillez saisir b :"

    Lire B

    Si A ≠ 0

    Alors

        X ← – B/A

        Afficher "Le résultat de l'équation est ",X

    Sinon

        Afficher "Cette équation n'a pas de solution "

    FinSi

    Afficher "Voulez-vous saisir une autre équation ? (O/N) : "

    Lire R

FinTant que

Fin

2) En utilisant l'exemple ci-dessus, écrire un algorithme qui donne la solution d'équations de la forme ax + b = c.

Algorithme :

Variables :

A est un nombre

B est un nombre

C est un nombre

X est un nombre

R est du texte

Début

R ← "O"

Tant que R = "O"

      Afficher "Pour résoudre une équation du type ax + b = c"

      Afficher "Veuillez saisir a :"

      Lire A

      Afficher "Veuillez saisir b :"

      Lire B

      Afficher "Veuillez saisir c :"

      Lire C

      Si A ≠ 0

      Alors

            X ← (C – B)/A

            Afficher "Le résultat de l'équation est ",X

      Sinon

            Afficher "Cette équation n'a pas de solution"

      FinSi

      Afficher "Voulez-vous saisir une autre équation ? (O/N) : "

      Lire R

FinTant que

Fin

3) En utilisant l'exemple ci-dessus, écrire un algorithme qui donne la solution d'équations de la forme ax + b = cx.

Algorithme :

Variables :

A est un nombre

B est un nombre

C est un nombre

X est un nombre

R est du texte

Début

R ← "O"

Tant que R = "O"

    Afficher "Pour résoudre une équation du type ax + b = cx"

    Afficher "Veuillez saisir a :"

    Lire A

    Afficher "Veuillez saisir b :"

    Lire B

    Afficher "Veuillez saisir c :"

    Lire C

    Si A − C ≠ 0

    Alors

        X ← -B/(A − C)

        Afficher "Le résultat de l'équation est ",X

    Sinon

        Afficher "Cette équation n'a pas de solution"

    FinSi

    Afficher "Voulez-vous saisir une autre équation ? (O/N) : "

    Lire R

FinTant que

Fin

Leçon 9 :

1) En utilisant l'exemple ci-dessus, écrire un algorithme qui calcule le temps nécessaire à obtenir un montant désiré quand la somme versée augmente de 1 à chaque versement.

Algorithme :

Variables :

I est un nombre

F est un nombre

R est un nombre

N est un nombre

Début

Afficher "Quel est le montant initial ?"

Lire I

Afficher "Quel est le montant final désiré :"

Lire F

N ← 0

R ← I

Tant que R < F

     N ← N + 1

     R ← R + I + N

FinTant que

Afficher "En partant de ",I," et en ajoutant régulièrement 1"

Afficher " il faudra ",N," versements pour arriver à au moins ",F

Fin

2) En utilisant l'exemple ci-dessus, écrire un algorithme qui calcule le temps nécessaire à obtenir un montant désiré quand la somme versée est multipliée par le nombre de versements effectués à chaque versement. Pour cela, il faudra multiplier S par N.

Algorithme :

<u>Variables :</u>

I est un nombre

F est un nombre

S est un nombre

R est un nombre

N est un nombre

<u>Début</u>

Afficher "Quel est le montant initial ?"

Lire I

Afficher "Quelle est la première somme déposée :"

Lire S

Afficher "Quel est le montant final désiré :"

Lire F

N ← 0

R ← I

Tant que R < F

     N ← N + 1

     R ← S*N + R

FinTant que

Afficher "En partant de ",I," et en ajoutant régulièrement ",S

Afficher "fois le versement de départ, il faudra "

Afficher N," versements pour arriver à au moins ",F

<u>Fin</u>

3) En utilisant l'exemple ci-dessus, ajouter une boucle qui permet de continuer le premier programme tant que l'utilisateur choisit de continuer.

Algorithme :

Variables :

I est un nombre

F est un nombre

S est un nombre

R est un nombre

N est un nombre

Q est du texte

Début

Q ← "O"

Tant que Q = "O"

    Afficher "Quel est le montant initial ?"

    Lire I

    Afficher "Quelle est la somme déposée régulièrement :"

    Lire S

    Afficher "Quel est le montant final désiré :"

    Lire F

    N ← 0

    R ← I

    Tant que R < F

        N ← N + 1

        R ← R + S

    FinTant que

    Afficher "En partant de ",I," et en ajoutant régulièrement ",S

    Afficher " il faudra ",N," versements pour arriver à au moins ",F

    Afficher "Pour effectuer un autre calcul, saisir O, sinon saisir N"

    Lire Q

FinTant que

<u>Fin</u>

Leçon 10 :

1) En utilisant l'exemple ci-dessus, écrire un algorithme qui calcule la somme de plusieurs nombres.

Algorithme :

Variables :
I est un nombre
N est un nombre
M est un nombre
A est un nombre

Début
Afficher "Combien de nombres allez-vous saisir ?"
Lire N
M ← 0
Pour I = 1 à N
    Afficher "Saisir le nombre ",I," : "
    Lire A
    M ← M + A
FinPour
Afficher "La somme des nombres est ",M
Fin

2) En utilisant l'exemple ci-dessus, écrire un algorithme qui calcule le produit de plusieurs nombres.

Algorithme :

Variables :

I est un nombre

N est un nombre

M est un nombre

A est un nombre

Début

Afficher "Combien de nombres allez-vous saisir ?"

Lire N

M ← 1

Pour I = 1 à N

      Afficher "Saisir le nombre ",I," : "

      Lire A

      M ← M * A

FinPour

Afficher "Le produit des nombres est ",M

Fin

3) En utilisant l'exemple ci-dessus, écrire un algorithme qui calcule une moyenne pondérée. Pour cela, il faut ajouter une variable K dans laquelle l'utilisateur saisira le coefficient de chaque nombre et une variable T qui calculera le nombre par lequel on divisera la somme des nombres pondérés. C'est-à-dire qu'on écrira :

$M \leftarrow M + A * K$

$T \leftarrow T + P$

dans la boucle Pour. Puis il faudra changer la division finale et remplacer N par T.

Algorithme :

Variables :

I est un nombre

N est un nombre

M est un nombre

A est un nombre

K est un nombre

T est un nombre

Début

Afficher "Combien de nombres allez-vous saisir ?"

Lire N

$M \leftarrow 0$

$T \leftarrow 0$

Pour I = 1 à N

    Afficher "Saisir le nombre ",I," : "

    Lire A

    Afficher "Saisir son coefficient : "

    Lire K

    $M \leftarrow A*K + M$

    $T \leftarrow T + K$

FinPour

$M \leftarrow M / T$

Afficher "La moyenne pondérée des nombres est ",M

<u>Fin</u>

Partie II : La programmation avec Scratch 3.0

Introduction

Pour réaliser des petits programmes, nous allons commencer par mettre à profit les algorithmes réalisés en partie I, puisque nous avons leur correction dans ce livre. Nous pourrons ainsi d'abord nous pencher sur la partie langage informatique sans avoir besoin de réfléchir à l'algorithme au départ. Il suffira de garder la correction sous les yeux.

Puis, quand cela deviendra plus facile, nous pourrons essayer d'écrire à la fois l'algorithme et le programme.

Nous allons apprendre à utiliser le logiciel Scratch car il est ludique, facile à utiliser et son utilisation est gratuite, que ce soit en ligne ou en le téléchargeant.

Pour travailler en ligne, il faut d'abord aller sur internet et saisir : scratch.mit.edu, on obtient cet écran :

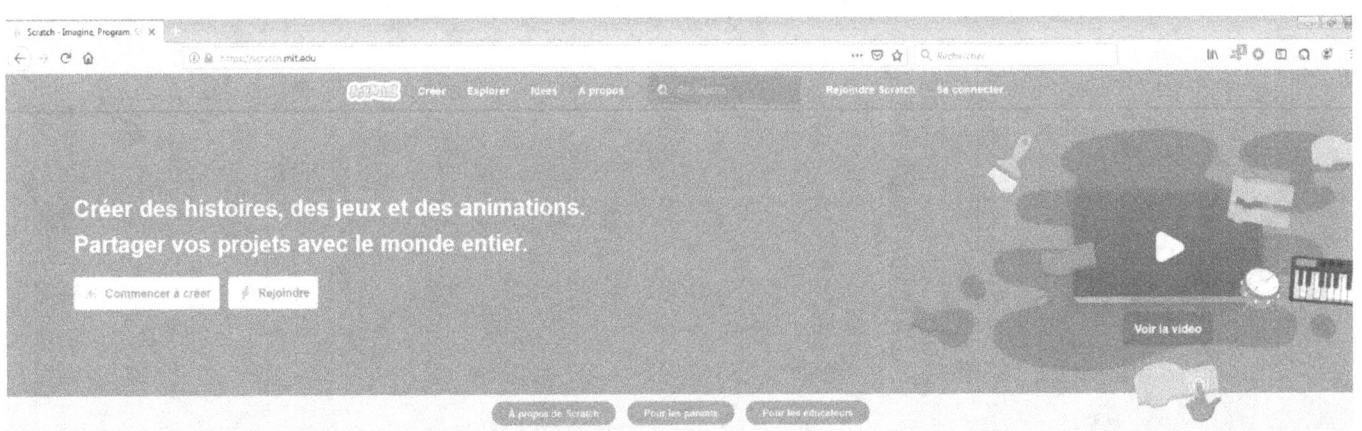

Puis, on peut, soit créer un compte (conseillé), soit se connecter (quand le compte est créé), soit cliquer sur Créer pour commencer à programmer.

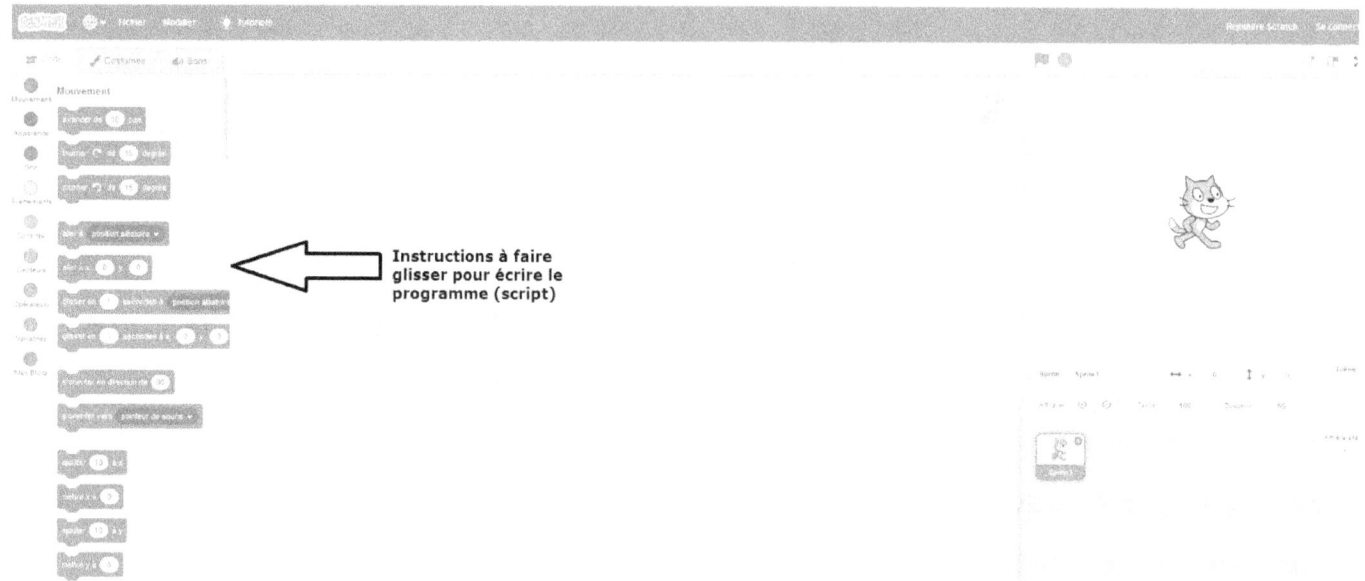

Instructions à faire glisser pour écrire le programme (script)

L'écran de Scratch est réparti en plusieurs zones, celle où évolue le lutin (sprite), en haut à gauche. En dessous, nous pouvons sélectionner un arrière-plan dans la bibliothèque d'images ou en créer un que nous pouvons importer dans le logiciel. Nous pouvons également choisir un ou plusieurs lutins. Chaque lutin a son programme individuel que nous devons écrire en faisant glisser les instructions de la partie gauche de l'écran qui contient les scripts vers la partie centrale de l'écran, réservée aux programmes.

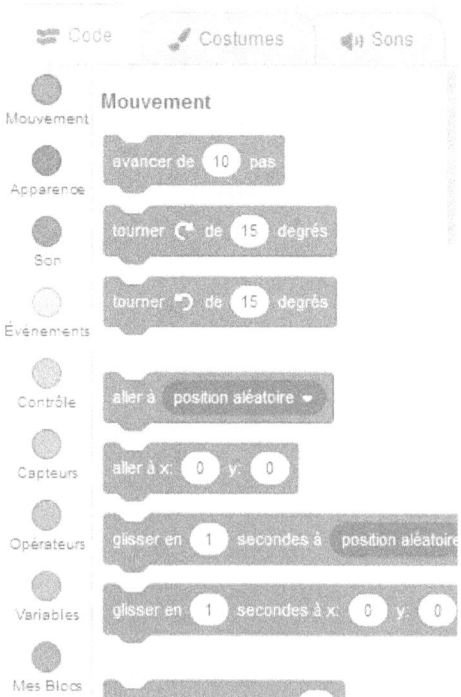

Pour ajouter d'autres onglets, il suffit de cliquer sur  en bas à gauche de l'écran.

Les onglets les plus utilisés seront :

Musique
Jouer des instruments et du tambour.

Stylo
Dessiner avec vos sprites.

Menu Mouvement :   Menu Apparence :   Menu Sons :

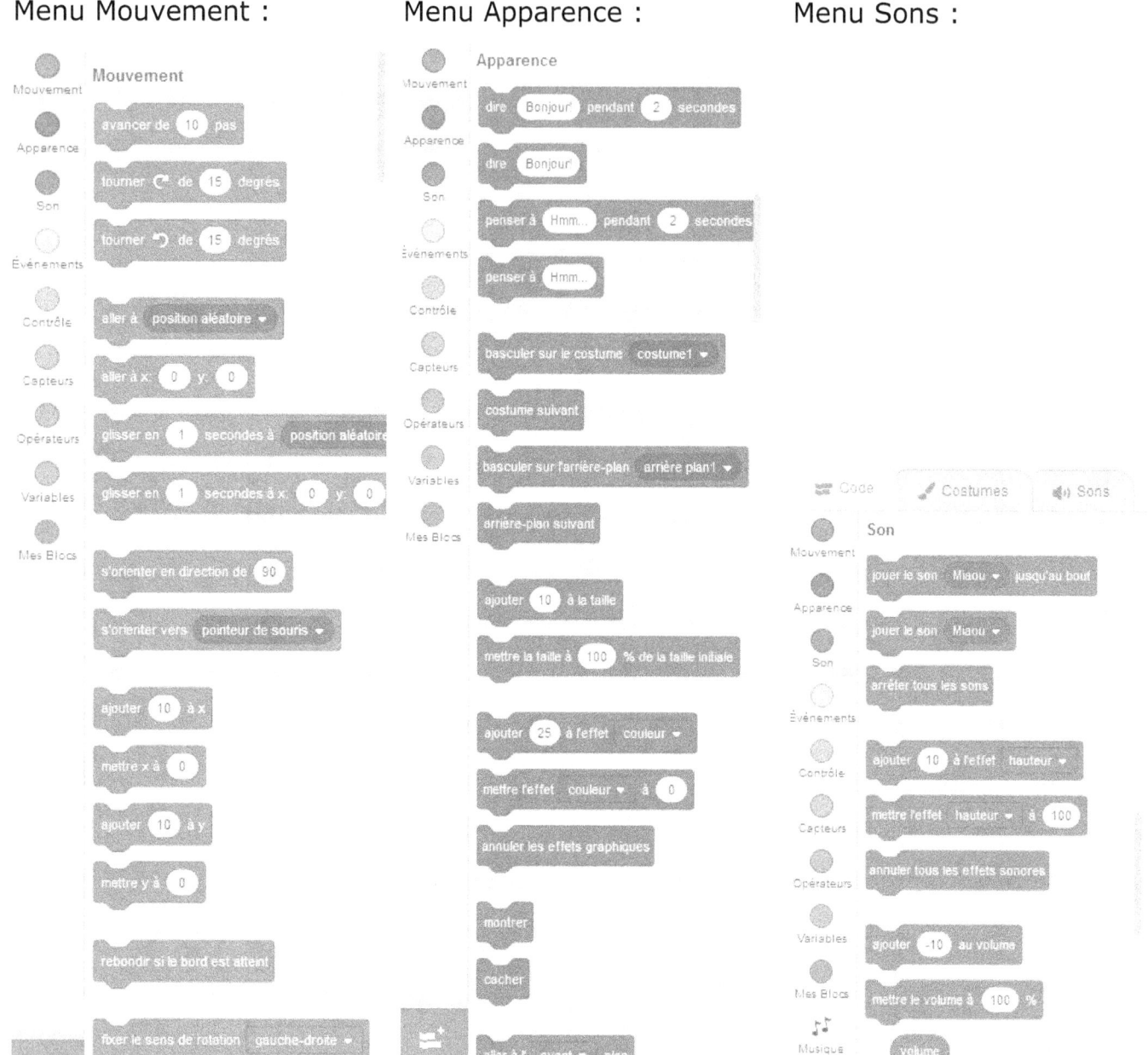

Menu Stylo :

Menu Variables :

Menu Événements :

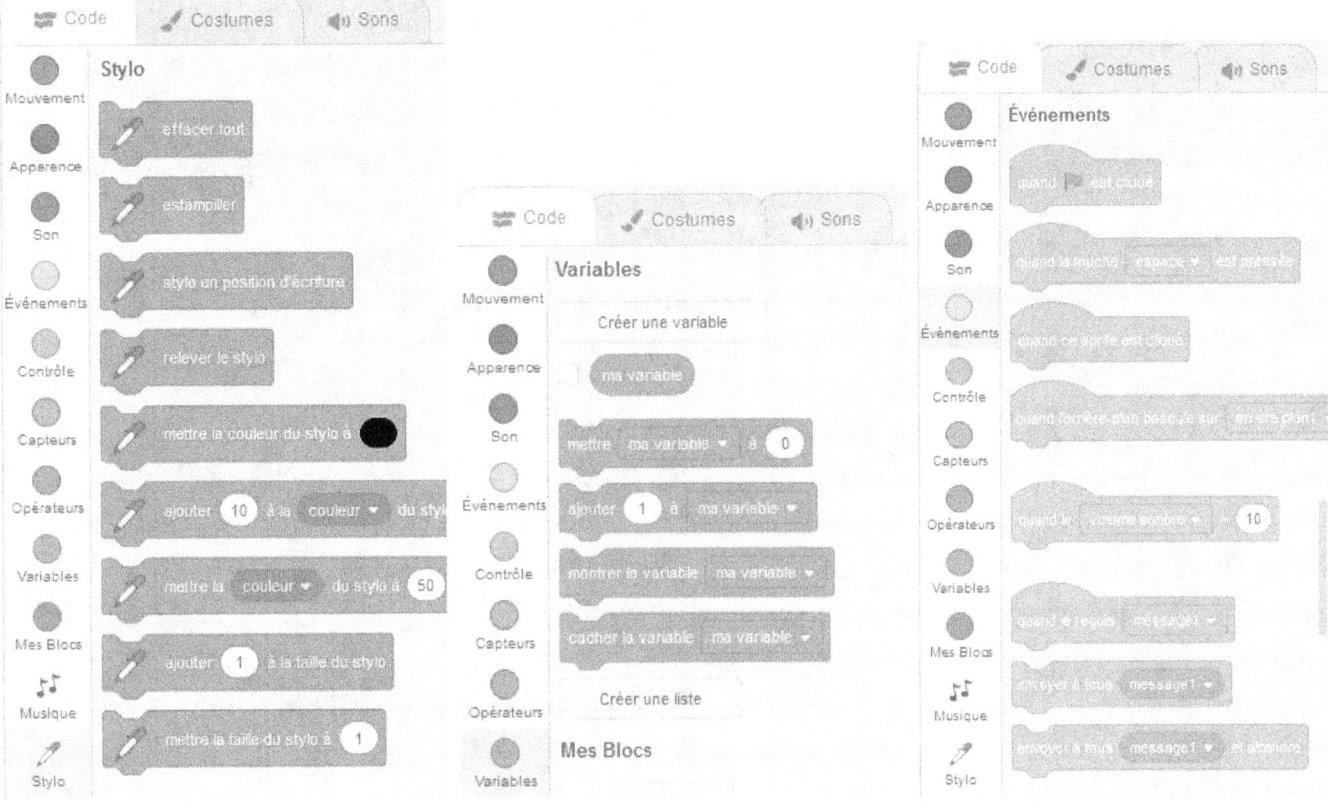

Menu Contrôle :

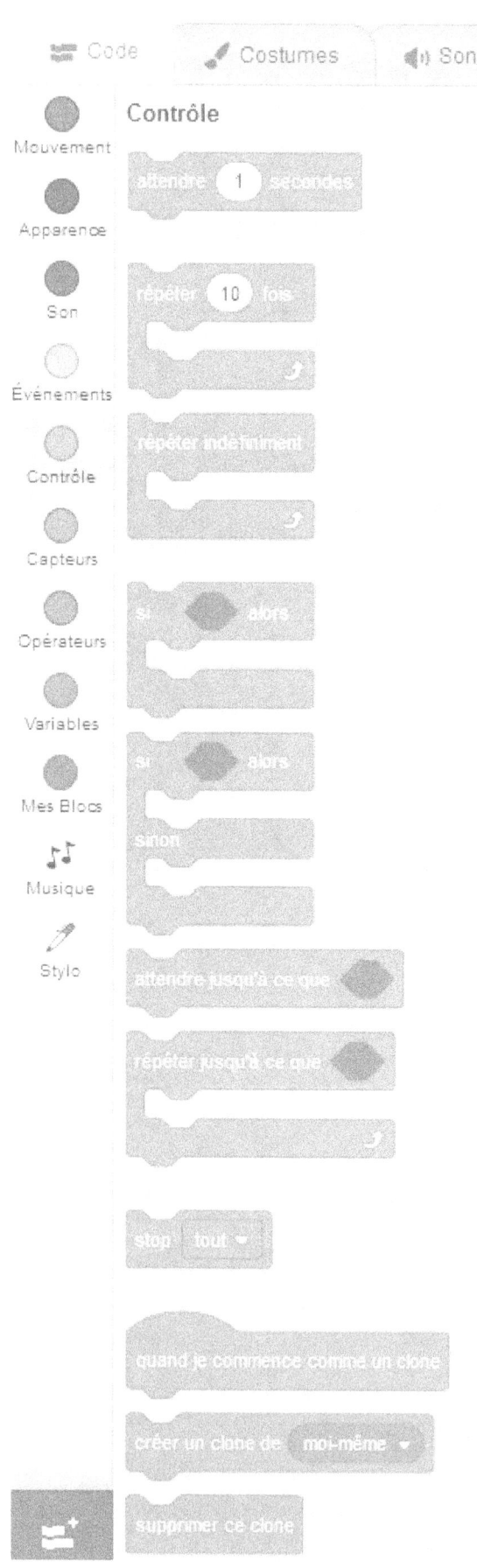

Menu Capteurs :

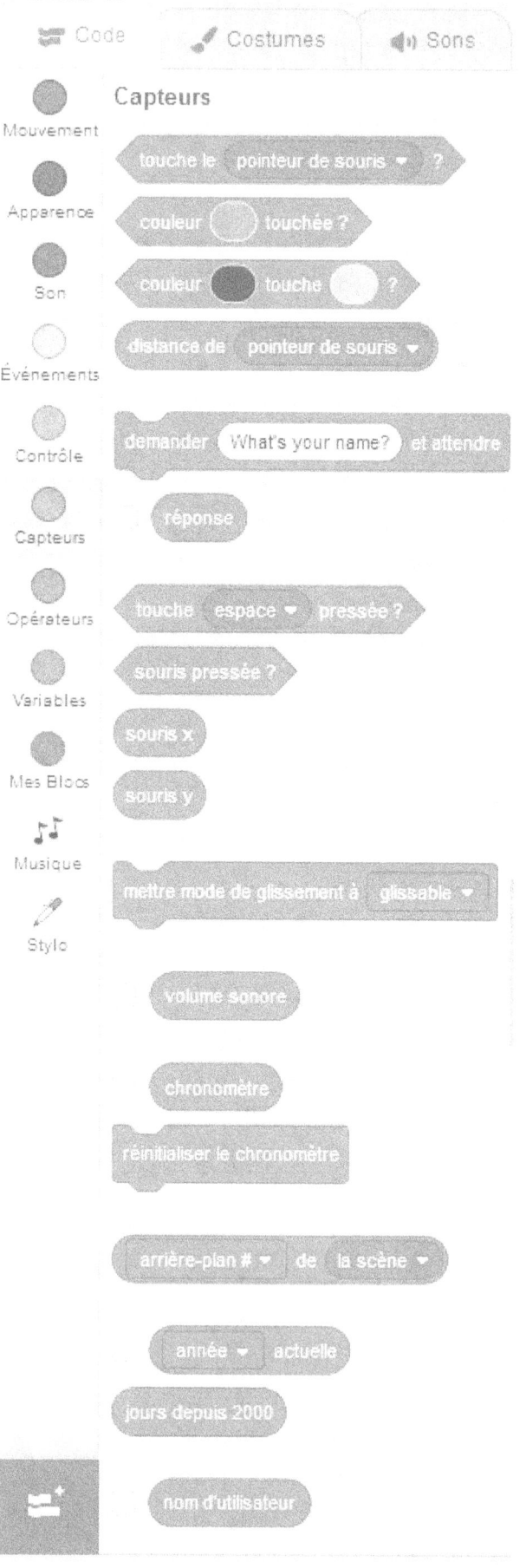

Menu Opérateurs : **Menu Mes blocs 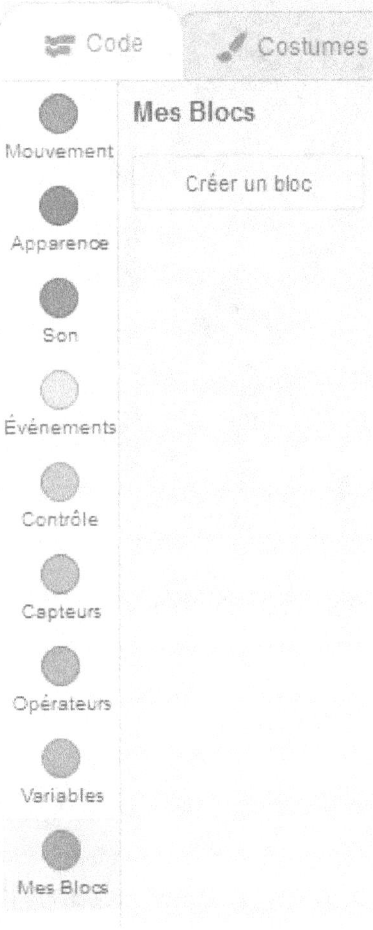 :** **Menu Musique :**

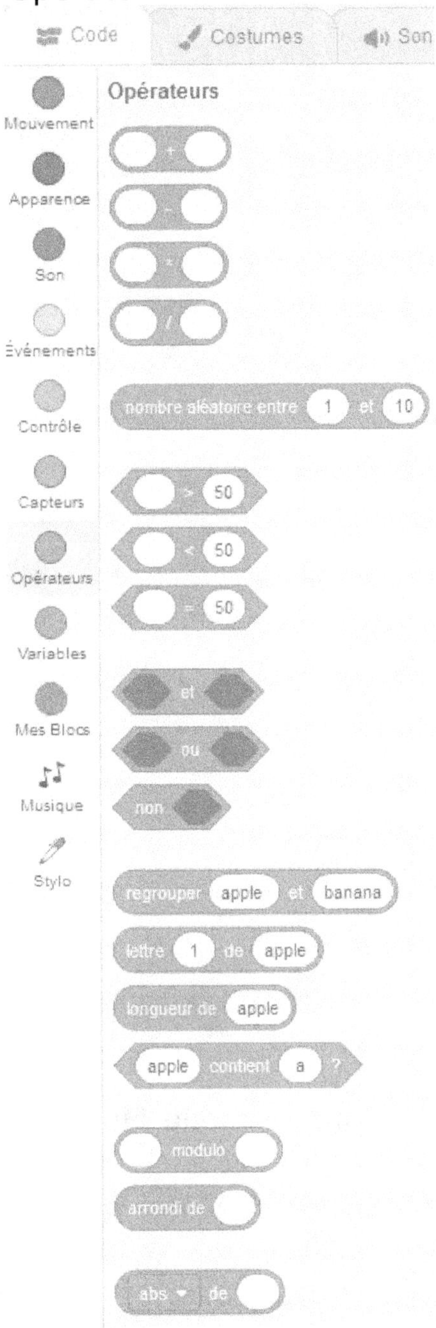

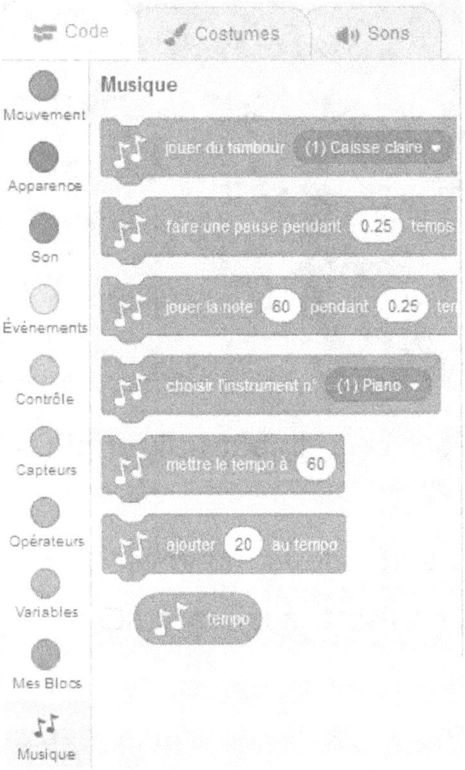

Pour faire fonctionner un programme, il faut commencer par une instruction du type

du menu Événements.

77

Leçon 1

Voici un exemple de programme à réaliser sur Scratch :

Pour cela, il faut utiliser plusieurs possibilités du logiciel.

Il suffit de commencer par sélectionner 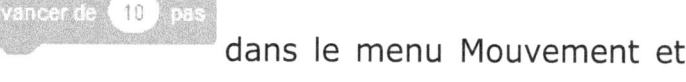 dans le menu Mouvement et de saisir 5 à la place du 10.

Pour que le personnage reste bien dans l'écran, il est utile d'ajouter l'instruction 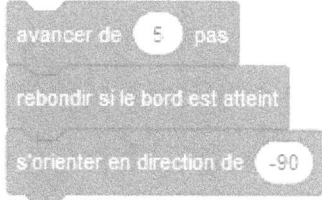 est atteint du même menu.

Puis, il faut sélectionner et saisir "-90" à la place de 90.
Les instructions s'imbriquent et cela donne ceci :

Il suffit de répéter cela 4 fois en laissant 90 une fois sur 2 pour obtenir ceci :

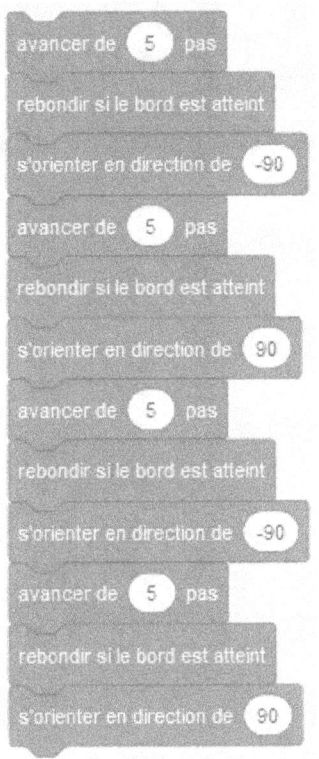

Puis, il est possible d'ajouter du son en utilisant les instructions du menu Musique.

Les instructions vertes apparaissent. Il suffit de choisir "jouer la note 60 pendant 0,5 temps" et de la positionner au-dessus du bloc d'instructions bleues.

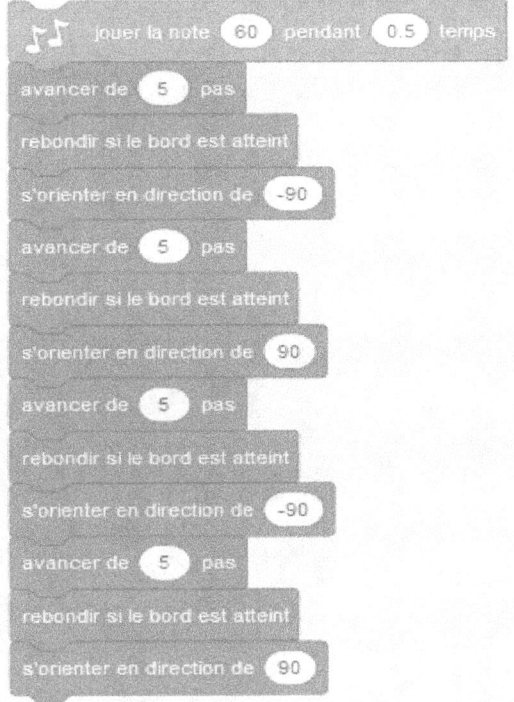

Puis, il suffit de changer la note et de choisir la 69 (La médian).

Il faut ensuite faire glisser à nouveau cette instruction et de l'insérer après le premier "avancer de 5", choisir la note 57 (La basse) et continuer ainsi jusqu'à insérer toutes les instructions suivantes :

Enfin, il faut penser à sauvegarder le projet, pour cela, la première fois, il faut cliquer sur Rejoindre Scratch et créer un nom d'utilisateur et un mot de passe. Les fois suivantes, il suffira de cliquer sur Se connecter pour retrouver son compte avec ses projets.

Pour sauvegarder le programme, il faut lui donner un nom ainsi :

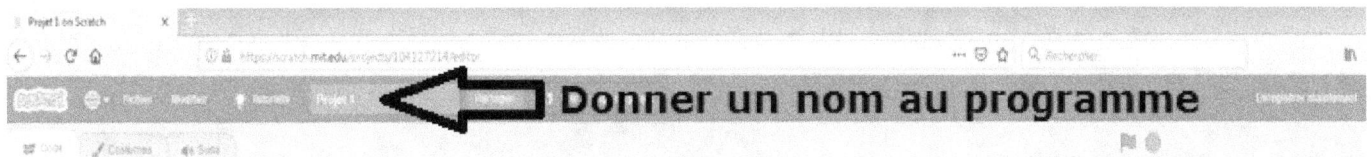

Ensuite, il faut cliquer sur Fichier, Enregistrer maintenant :

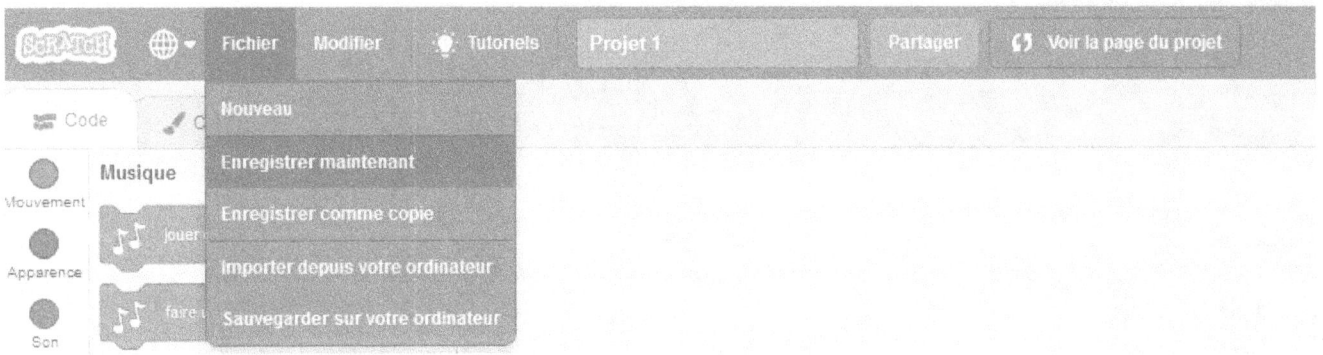

Puis, dans le menu Contrôle, on utilise l'instruction Répéter 10 fois au-dessus du bloc d'instructions dans la partie droite de l'écran pour obtenir ceci :

Puis, il suffit alors, dans le menu Événements, de choisir l'instruction qui permet de lancer le programme et la positionner au-dessus des autres instructions :

Puis, il suffit de cliquer sur le drapeau vert au-dessus du décor pour lancer le programme.

Le personnage se mettra alors à danser en musique.

2) Créer un nouveau programme avec un autre décor et un autre personnage. Choisir d'autres sons et d'autres mouvements. Puis le faire fonctionner.

Leçon 2

Nous allons essayer de faire dessiner cette figure géométrique à notre lutin Scratch.

Pour cela, nous pouvons choisir un lutin (sprite) en forme de crayon dans Nouveau lutin et ensuite supprimer le chat en cliquant sur son image dans la partie inférieure droite de l'écran, puis en cliquant avec le bouton droit de la souris et en choisissant Supprimer ou bien en cliquant sur la petite croix en haut à droite de l'image du lutin.

Il faut penser à sauvegarder très régulièrement le programme, pour cela, il faut d'abord se connecter, puis donner un nom au projet Scratch.

Puis, pour commencer à écrire le programme, il faut commencer par l'instruction :

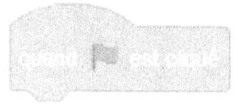 dans Evènements.

Ensuite, il va falloir aller dans les instructions du menu Stylo afin de pouvoir faire dessiner le lutin.

Afin d'être sûr que l'écran soit vide en commençant le programme, il suffit de commencer par l'instruction Effacer tout. Puis pour commencer à faire dessiner le lutin, il faudra mettre le stylo en position d'écriture au bon moment. Il est possible de choisir la couleur du stylo avec l'instruction Mettre la couleur du stylo à.

Enfin, pour que le stylo ne prenne pas trop de place à l'écran, il est possible de réduire sa taille en allant dans le menu Apparence et en choisissant l'instruction Mettre la taille à 25% de la taille initiale.

Pour commencer à dessiner le carré, une fois le stylo en position d'écriture, il suffit de le faire avancer de 200 pas en choisissant l'instruction Avancer de 200, dans le menu Mouvement.

Puis, on le fait tourner de 90° vers la gauche, tout ça jusqu'à ce que le carré soit dessiné.

En lançant le programme, des petits problèmes apparaissent. Tout d'abord, le stylo

n'écrit pas avec sa pointe. Pour changer cela, il suffit de cliquer sur  dans le milieu supérieur gauche de l'écran.

Puis sur l'icône  en haut à droite du nouvel écran.

Il suffit ensuite de sélectionner le stylo entier, puis de le déplacer pour positionner sa pointe sur la croix noire dans un rond pour résoudre le problème.

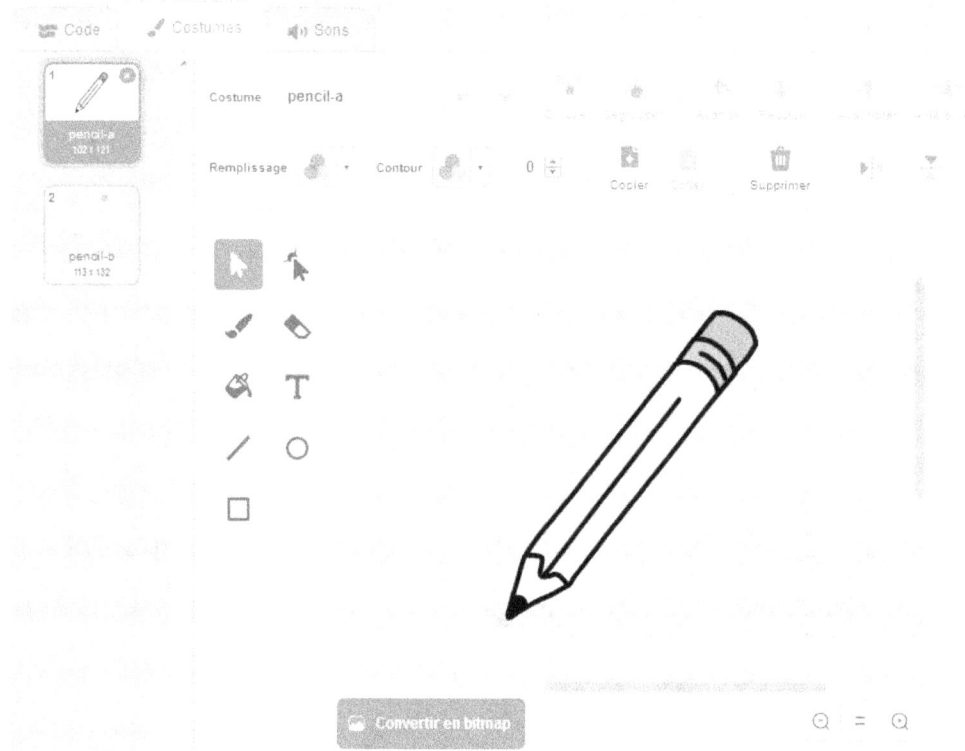

Ensuite, en lançant plusieurs fois le programme, on s'aperçoit que le carré change de position et que le stylo n'a pas la place de le dessiner partout et la forme ne ressemble parfois plus du tout à un carré. Il va donc falloir définit la position de départ du stylo afin d'être sûr d'avoir la place nécessaire au carré. Pour cela, il suffit d'aller dans le menu Mouvement et de choisir l'instruction ![aller à x: 3 y: -100] pour que le stylo se positionne toujours à cet endroit en début de programme.

Pourtant, ce n'est pas suffisant, le stylo ne part pas toujours dans la bonne direction. Pour être sûr que le stylo parte dans la bonne direction, il suffit d'ajouter, en début de programme l'instruction ![s'orienter en direction de 90] pour que le stylo parte vers la droite en début de programme.

Le stylo va trop vite pour pouvoir le suivre des yeux, il est donc possible d'ajouter l'instruction ![attendre 1 secondes], du menu Contrôle, après chacun des tracés afin de voir la construction de la figure segment par segment.

Afin de tracer la première diagonale du carré, il faut orienter le stylo dans la bonne direction et penser que la diagonale est plus longue que les côtés du carré. En faisant des calculs de longueurs, il est possible trouver celle qui convient ou bien d'utiliser l'instruction Aller à du menu Mouvement après avoir repéré la position des sommets du carré.

Puis, afin de tracer la deuxième diagonale, il faut déplacer le stylo jusqu'à un autre sommet du carré. Pour cela, il est judicieux d'utiliser l'instruction Relever le stylo du menu Stylo. Il faut ensuite penser à remettre le stylo en position d'écriture pour tracer la diagonale.

Suivant la position du stylo après avoir tracé la deuxième diagonale, il faudra le déplacer pour tracer le triangle rectangle isocèle dont l'hypoténuse est parallèle à la première diagonale du carré.

Enfin, pour alléger le programme, il est possible d'utiliser l'instruction Répéter 4 fois du menu Contrôle, on aura donc 4 instructions au lieu de 12, le programme sera donc plus court.

Il est important de penser à relever le stylo à la fin du programme afin de ne pas être ennuyé à la création d'un nouveau programme différent de celui-ci.

Pour créer un arrière-plan spécifique, il suffit de cliquer sur Arrière-plan en bas à droite de l'écran, puis sur Arrière-plans 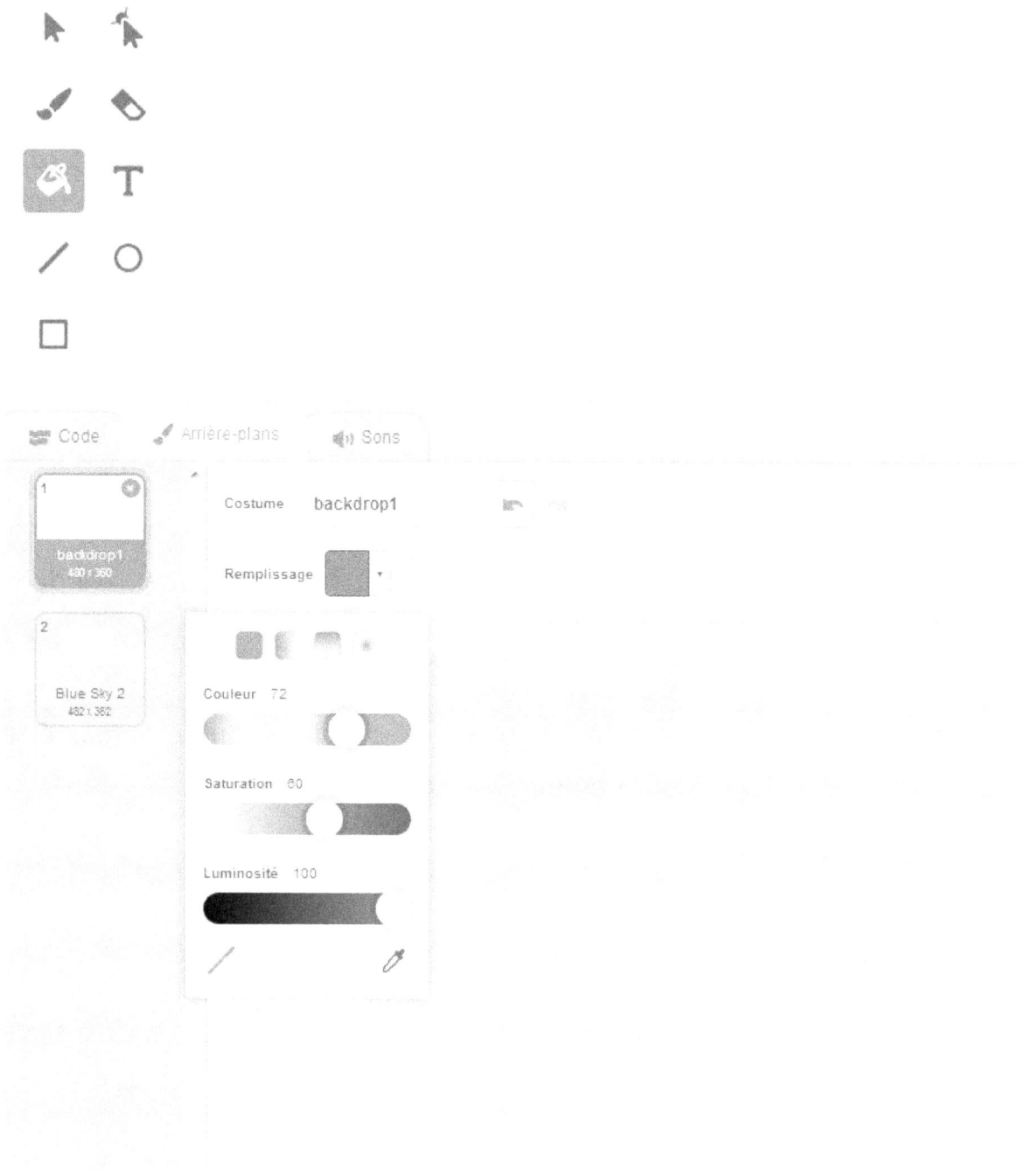 dans le milieu supérieur gauche de l'écran. Il est alors possible de modifier les couleurs :

et de dessiner.

Leçon 3

Voici la figure à réaliser

Dans ce projet, il faudra changer de lutin et d'arrière-plan, utiliser le stylo, les sons et tracer le tétraèdre en changeant la couleur et la taille du stylo après avoir tracé chaque arête de la pyramide.

La position de chacun des sommets du tétraèdre est :
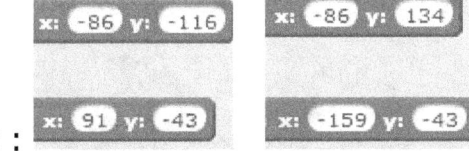

Pour modifier la couleur du stylo, il faut utiliser l'instruction Ajouter 30 à la couleur du stylo. Pour modifier son épaisseur, il faut utiliser l'instruction Ajouter 1 à la taille du stylo.

Leçon 4

Nous voulons réaliser cette figure grâce à Scratch.

Pour cela, nous allons utiliser un sous-programme qui permettra de répéter le même dessin de cercle en changeant la couleur et la taille du stylo à chaque répétition du sous-programme.

Nous allons utiliser le menu Mes blocs et sélectionner Créer un bloc. Il apparaît la

fenêtre suivante :

Il apparaît la fenêtre suivante :

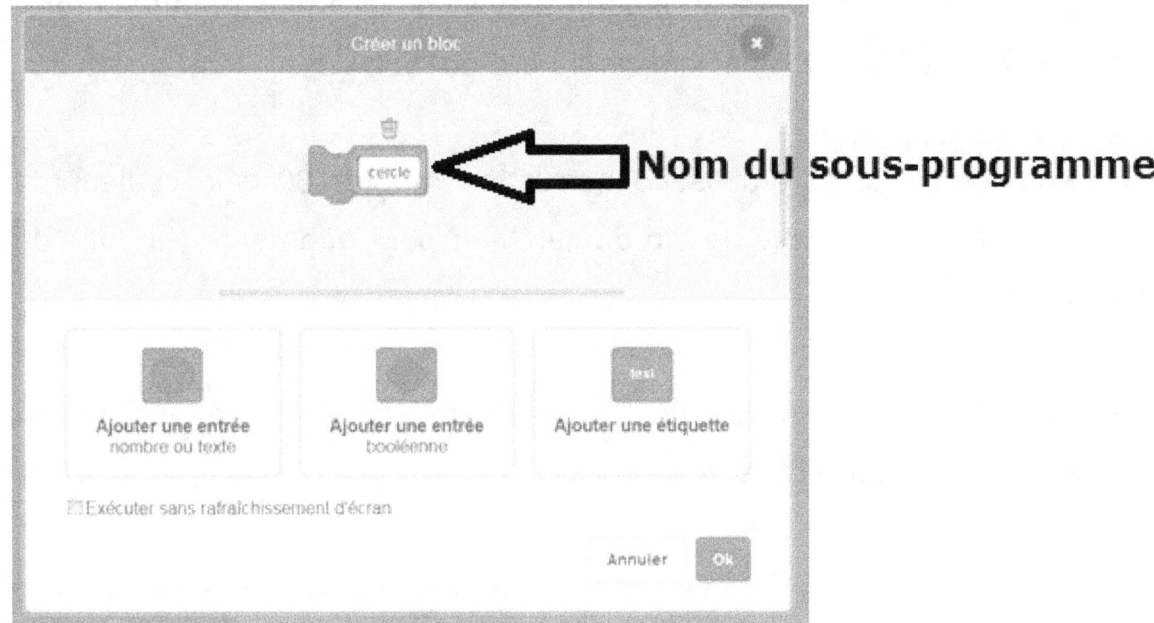

En cliquant dans la partie centrale, il suffit de donner un nom au sous-programme, par exemple "cercle".

Il suffit alors d'ajouter des instructions pour que le sous-programme puisse fonctionner.

Il apparaît aussi l'instruction : sous "Créer un bloc" dans la partie gauche de l'écran. Cette instruction est ajoutée au programme principal pour appeler le sous-programme dans une boucle.

Pour dessiner un petit cercle, il faut utiliser le bloc d'instructions suivant :

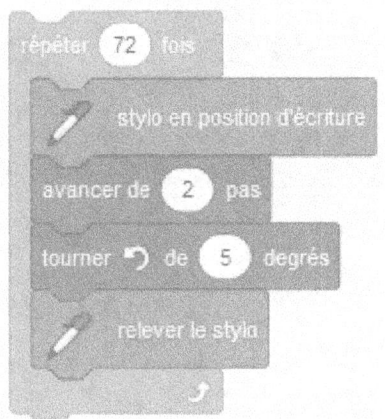

Pour créer des cercles de plus grande taille, il suffit d'avancer d'un plus grand nombre, par exemple 4 pour le cercle bleu et 6 pour le cercle arc-en-ciel.

Pour modifier les couleurs, il suffit d'utiliser l'instruction Ajouter 30 à la couleur du stylo dans le sous-programme après le dessin du cercle et pour augmenter la taille du stylo Ajouter 1 à la taille du stylo.

Pour le cercle arc-en-ciel, il suffit d'insérer le changement de couleur juste après avoir relevé le stylo dans le bloc d'instructions ci-dessus.

Pour des cercles plus précis, il suffit de répéter 360 fois et tourner de 1 degré ou 180 fois et tourner de 2 degrés.

Leçon 5

Pour ce programme qui effectue la somme de deux nombres, nous allons créer des variables A, B et S, en utilisant l'instruction Créer une variable du menu Variables.

Puis dans le menu Capteurs, nous allons demander le premier nombre à l'utilisateur et stocker la réponse dans la variable A grâce au menu Variables. Nous ferons la même chose avec le deuxième nombre que nous stockerons dans B.

Ensuite, il suffit, dans le menu Opérateurs de récupérer  et d'y insérer les variables A et B. Ensuite, la somme est stockée dans S grâce au menu Variables.

Puis dans le menu Apparence, nous récupérons l'instruction Dire.

Quand on imbrique les instructions, l'emplacement devient lumineux quand on approche l'opérateur. Nous pouvons regrouper les informations en utilisant l'instruction Regrouper du menu Opérateurs pour un meilleur affichage des résultats.

Exercices :

1) En utilisant l'exemple ci-dessus, écrire le programme qui effectue l'addition de trois nombres saisis par l'utilisateur.

2) Écrire le programme qui effectue la soustraction de deux nombres saisis par l'utilisateur.

3) Écrire le programme qui effectue la multiplication de deux nombres saisis par l'utilisateur.

Leçon 6

Pour écrire le programme suivant de calculs avec l'affichage d'un résultat intermédiaire, puis du résultat final, nous allons utiliser la soustraction et la multiplication du programme Opérateurs.

Il faudra créer les variables A et R.

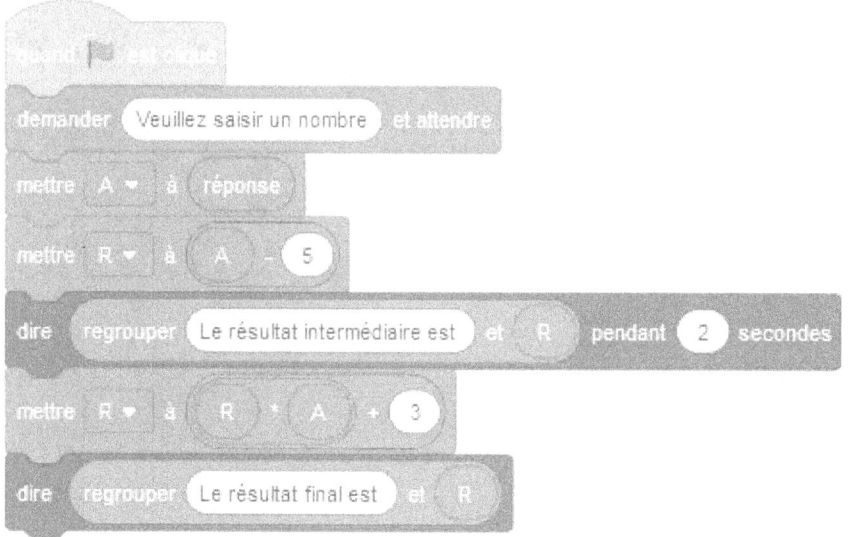

Exercices :

1) En utilisant l'exemple ci-dessus, écrire le programme informatique qui effectue le programme suivant : prendre un nombre A, le multiplier par 5 et afficher le résultat intermédiaire R = A x 5, puis additionner ce résultat avec la différence du nombre de départ et de 10, soit : R = (A x 5) + (A − 10).

2) Écrire le programme informatique qui effectue le programme suivant : prendre un nombre A, le diviser par 2 et afficher le résultat intermédiaire R = A : 2, puis soustraire ce résultat au produit du nombre de départ et de 5, soit :
R = (A x 5) - (A : 2).

3) Écrire le programme qui effectue le programme suivant : prendre un nombre A, lui additionner 11 et afficher le résultat intermédiaire R = A + 11, puis diviser ce résultat par la différence du nombre de départ et de 4, soit : R = (A + 11) : (A − 4).

Leçon 7

Dans ce programme, nous voulons calculer le quotient entier et le reste de la division euclidienne de deux nombres. Scratch n'a pas d'instruction permettant de calculer directement la partie entière d'un nombre, par contre, il a l'instruction 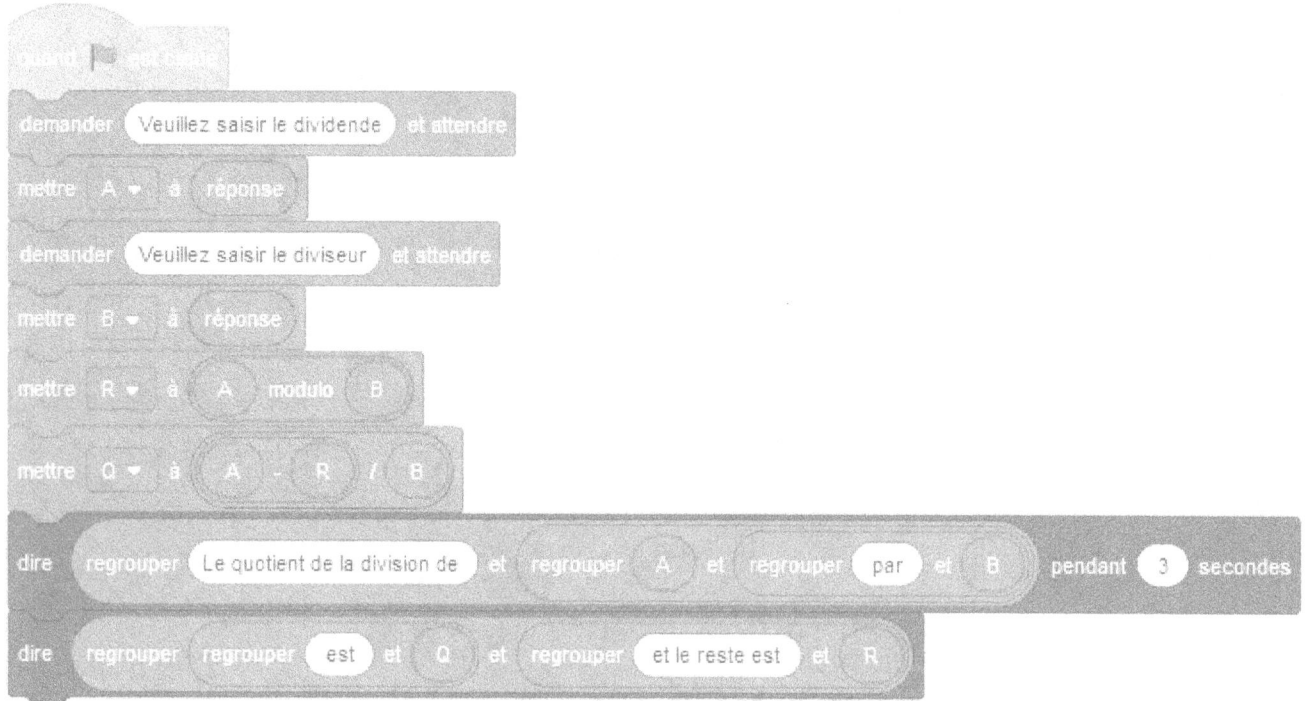 qui permet de donner le reste de la division euclidienne de deux nombres. Cela va nous permettre de calculer le quotient entier.

Il faudra créer les variables A, B, Q et R.

Exercices :

1) En utilisant l'exemple ci-dessus, écrire le programme qui effectue la division de A par B et qui donne le quotient et le reste, le quotient ayant jusqu'à un chiffre après la virgule. Pour cela, l'astuce consiste à écrire :

et

2) En utilisant l'exemple ci-dessus, écrire le programme qui effectue la division de A par B et qui donne le quotient et le reste, le quotient ayant jusqu'à deux chiffres après la virgule. Pour cela, l'astuce consiste à écrire la même chose que pour l'exercice 1 mais en remplaçant 10 par 100.

3) En utilisant l'exemple ci-dessus, écrire le programme qui effectue la division de A par B et qui donne le quotient et le reste, le quotient ayant jusqu'à trois chiffres après la virgule.

Leçon 8

Nous allons maintenant utiliser l'instruction Si pour choisir entre deux opérations, l'addition et la soustraction. Cette instruction est dans le menu Contrôle.

Il faudra créer les variables A, B, Q et R.

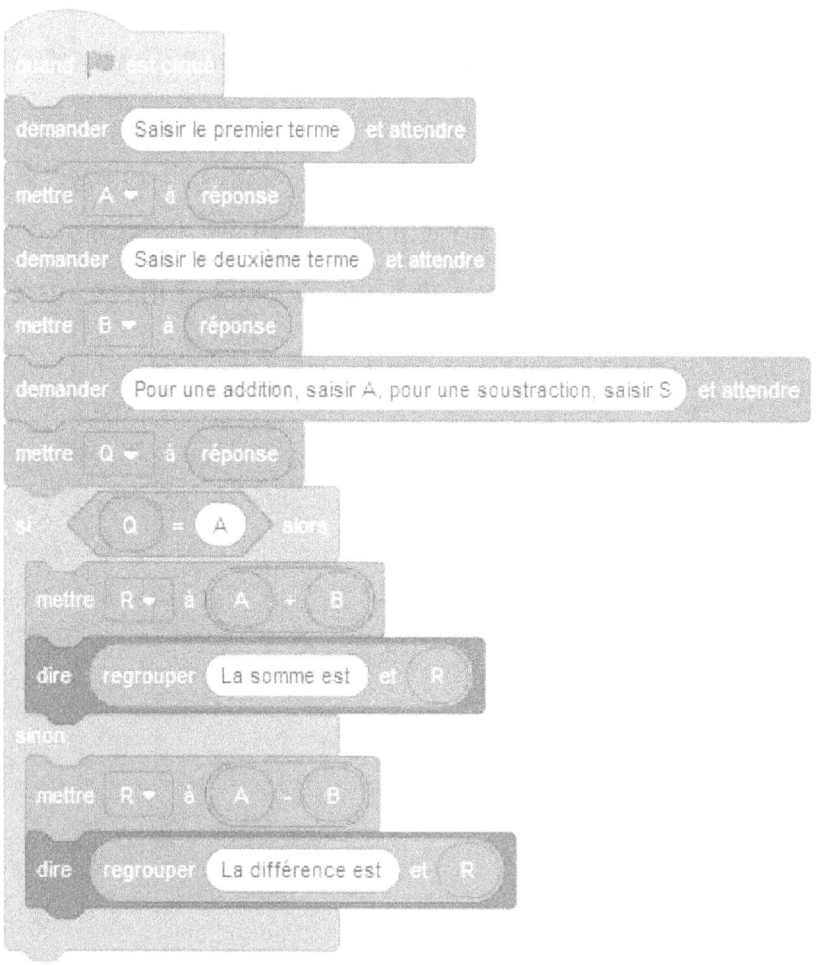

Exercices :

1) En utilisant l'exemple ci-dessus, écrire le programme qui effectue une multiplication ou une division, suivant le choix de l'utilisateur.

2) En utilisant l'exemple ci-dessus, écrire le programme qui multiplie un nombre par 2 ou le multiplie par lui-même (pour le mettre au carré), suivant le choix de l'utilisateur.

3) En utilisant l'exemple ci-dessus, écrire le programme qui multiplie un nombre par 3 ou le divise par 2, suivant le choix de l'utilisateur.

Leçon 9

On peut imbriquer les instructions Si pour effectuer les quatre opérations, au choix. Il faudra créer les variables A, B, Q et R.

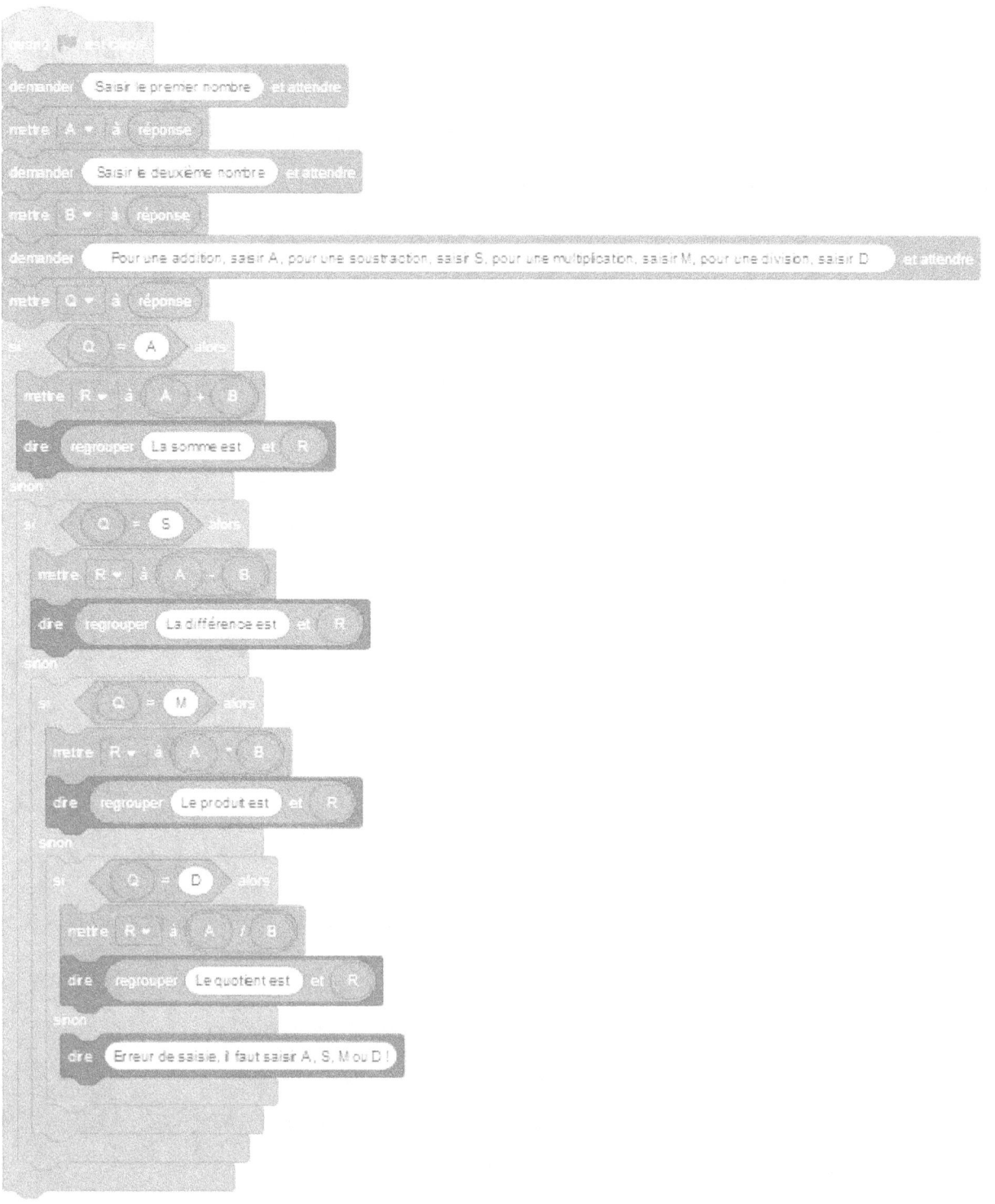

Exercices :

1) En utilisant l'exemple ci-dessus, écrire le programme qui multiplie un nombre par 2, 3 ou 4, suivant le choix de l'utilisateur.

2) En utilisant l'exemple ci-dessus, écrire le programme qui ajoute 10, 20 ou 30 à un nombre, suivant le choix de l'utilisateur.

3) En utilisant l'exemple ci-dessus, écrire le programme qui divise un nombre par 2, par 5, par 10 ou par 20, suivant le choix de l'utilisateur.

Leçon 10

Pour écrire le programme suivant, qui permet de calculer l'image d'un nombre X par une fonction, nous avons besoin d'utiliser des instructions contenant les opérateurs < et >. Il faudra créer les variables X et Y.

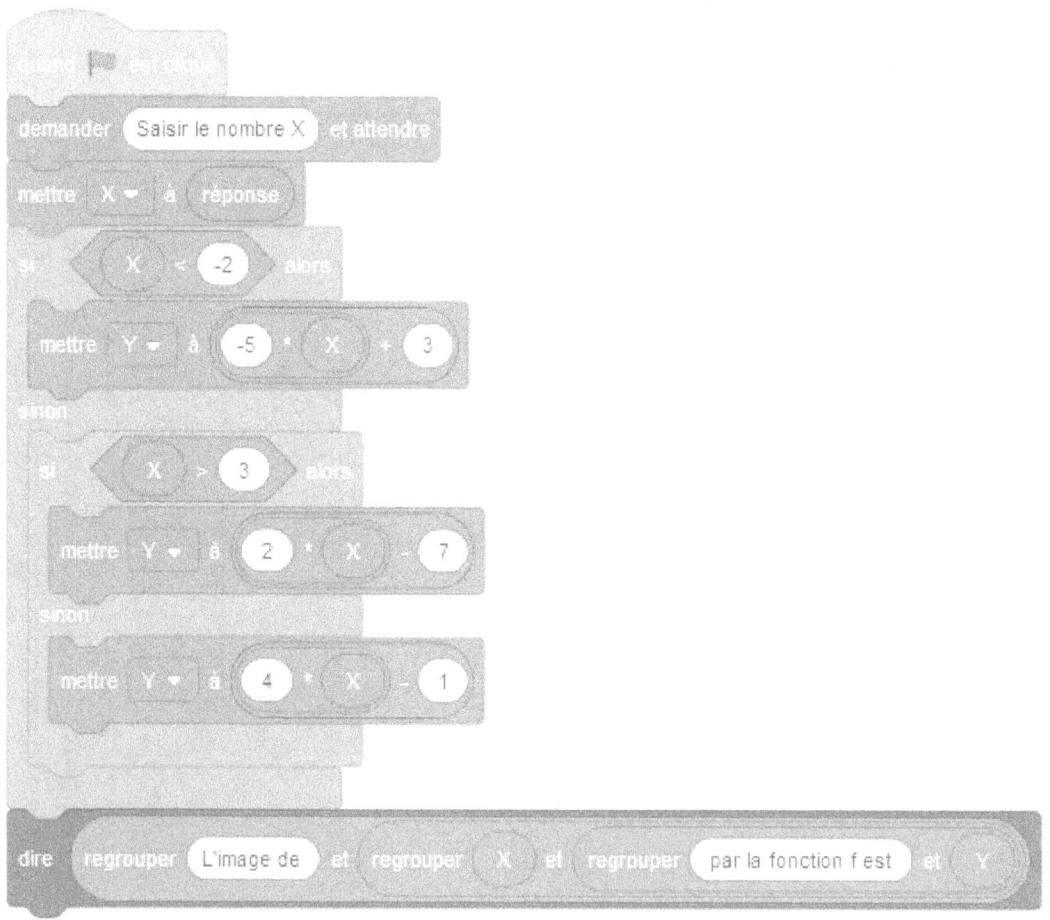

Exercices :

1) En utilisant l'exemple ci-dessus, écrire le programme qui calcule l'image d'un nombre saisi par l'utilisateur par la fonction g de la forme :

si $x < 0$ alors $g(x) = (-x + 2)/x$

si $x = 0$ alors $g(x) = 1$

si $x > 0$ alors $g(x) = (x + 2)/x$

2) En utilisant l'exemple ci-dessus, écrire le programme qui calcule l'image d'un nombre saisi par l'utilisateur par la fonction h de la forme :

si $x < 5$ alors $h(x) = (x + 3)/(x - 5)$

si $5 \leq x \leq 8$ alors $h(x) = (x + 2)/(x - 9)$

si $x > 8$ alors $h(x) = (x + 4)/(x - 8)$

3) En utilisant l'exemple ci-dessus, écrire le programme qui calcule l'image d'un nombre saisi par l'utilisateur par la fonction k de la forme :

si $x < -1$ alors $k(x) = (3x - 1)/(x + 1)$

si $-1 \leq x \leq 2$ alors $k(x) = (x - 5)/(x - 3)$

si $x > 2$ alors $k(x) = (2x - 7)/(x + 2)$

Leçon 11

Pour écrire le programme suivant, nous avons besoin de l'instruction modulo du menu Opérateurs afin de savoir si un nombre est divisible par un autre ou pas. En effet quand un dividende modulo un diviseur donne zéro, le dividende est un multiple du diviseur. Il faudra créer les variables X et Y.

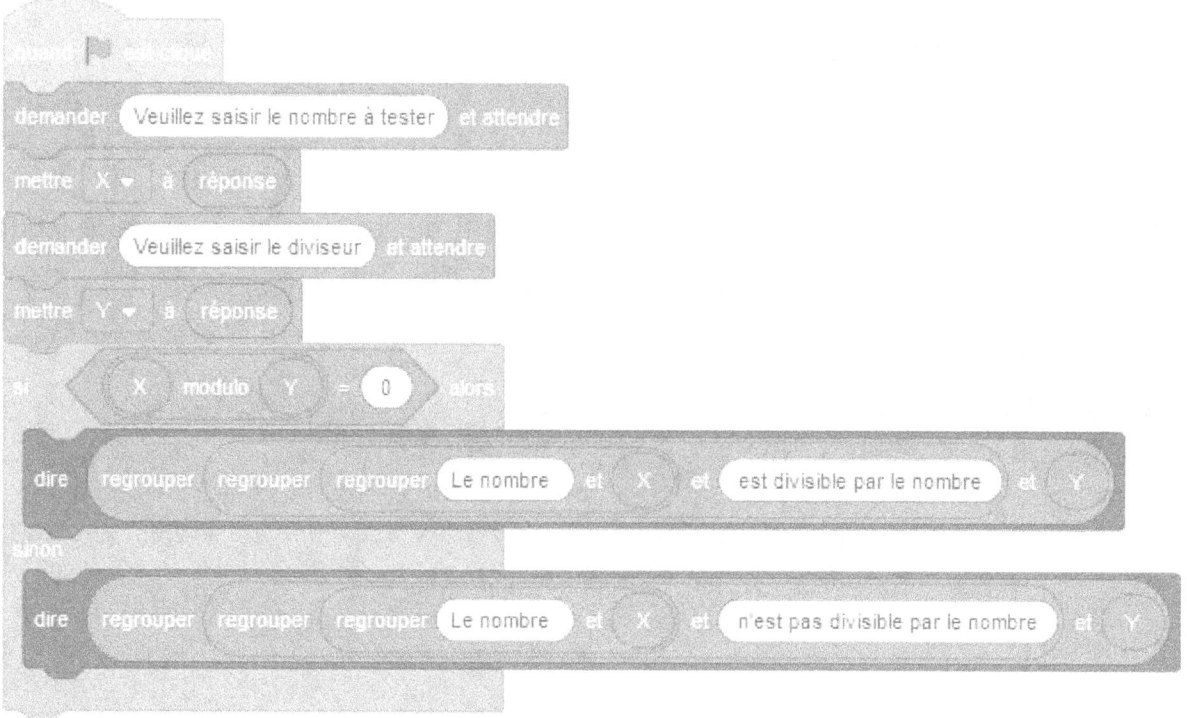

Exercices :

1) En utilisant l'exemple ci-dessus, écrire le programme qui dit si un nombre entier, saisi par l'utilisateur, est pair ou impair. Pour cela, il suffira d'appliquer l'algorithme exemple pour voir si un nombre est divisible par 2 ou pas.

2) En utilisant l'exemple ci-dessus, écrire le programme qui calcule l'image d'un nombre entier saisi par l'utilisateur par la fonction m de la forme :

si x est divisible par 5 alors $m(x) = \dfrac{x}{5} + 8$

sinon $m(x) = 5x + 2$

3) En utilisant l'exemple ci-dessus, écrire le programme qui calcule l'image d'un nombre entier saisi par l'utilisateur par la fonction l de la forme :

si x est divisible par 3 alors $l(x) = \dfrac{4x}{3}$

si x est divisible par 4 mais pas par 3 alors $l(x) = \dfrac{3x}{4}$

sinon $l(x) = 12x - 7$

Leçon 12

Pour écrire le programme suivant, de résolution d'équations, nous avons besoin d'une nouvelle instruction, la boucle "Tant que" qui est l'instruction Répéter jusqu'à ce que du menu Contrôle pour Scratch. Il faudra créer les variables A, B, C, D, X et R.

Pour dire que nous voulons un nombre différent de zéro, il faut utiliser l'instruction  du menu Opérateurs avec l'instruction $\boxed{\bigcirc = \bigcirc}$.

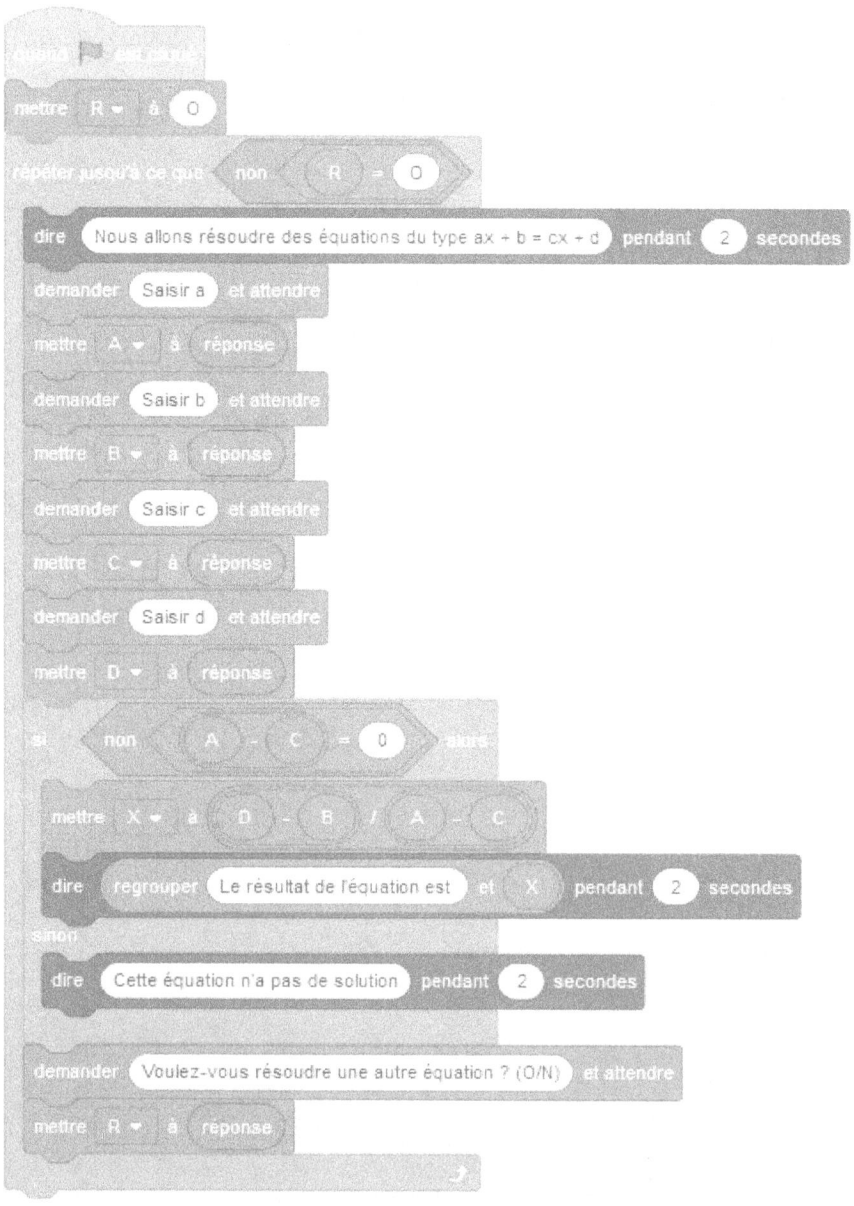

108

Exercices :

1) En utilisant l'exemple ci-dessus, écrire le programme qui donne la solution d'équations de la forme ax + b = 0.

2) En utilisant l'exemple ci-dessus, écrire le programme qui donne la solution d'équations de la forme ax + b = c.

3) En utilisant l'exemple ci-dessus, écrire le programme qui donne la solution d'équations de la forme ax + b = cx.

Leçon 13

Pour écrire le programme suivant, nous n'avons pas besoin d'une nouvelle instruction. Nous voulons calculer le temps nécessaire à obtenir un montant désiré, quand nous versons une somme au départ et, ensuite, régulièrement une autre somme. Il faudra créer les variables I, S, F, N, R.

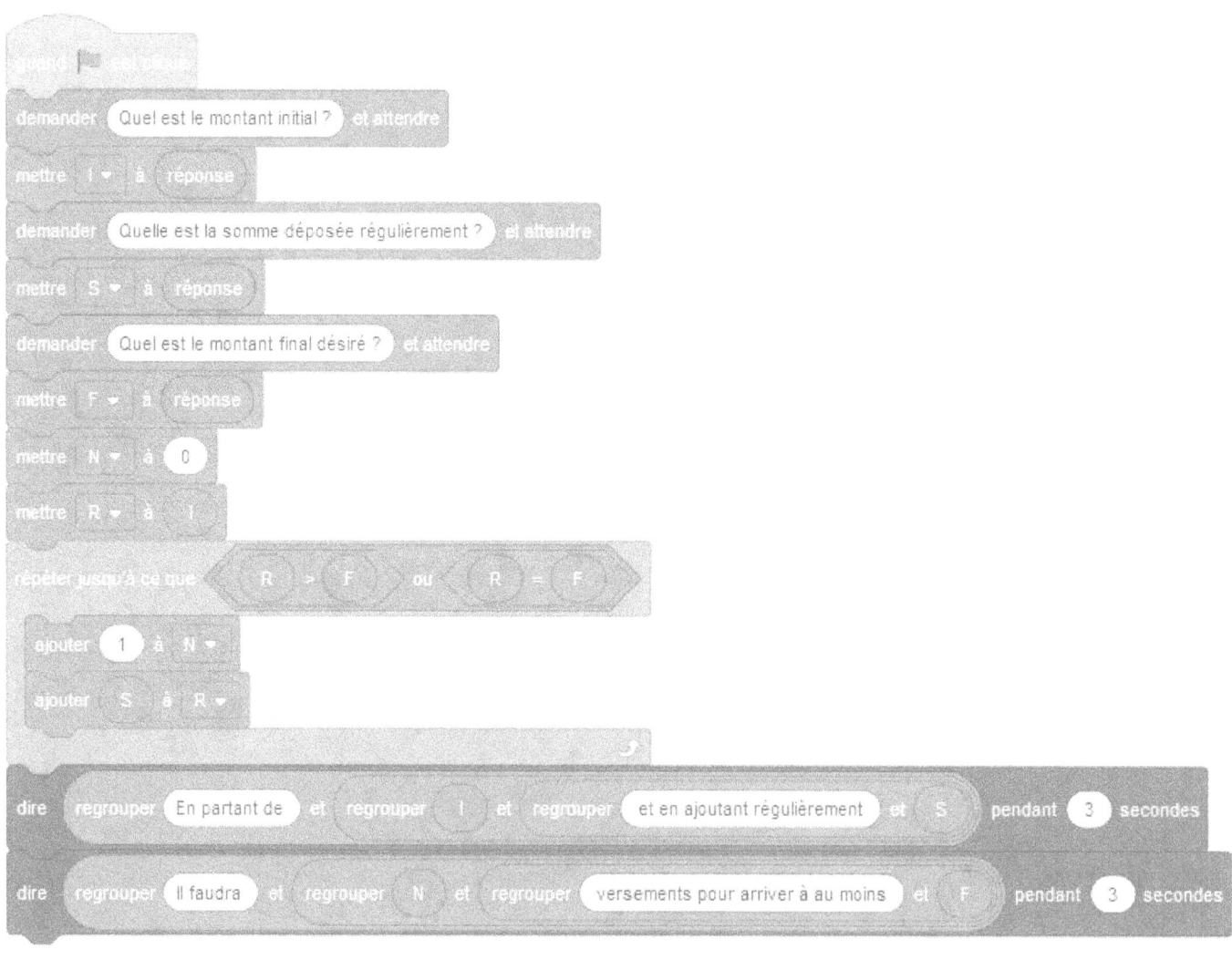

Exercices :

1) En utilisant l'exemple ci-dessus, écrire le programme qui calcule le temps nécessaire à obtenir un montant désiré quand la somme versée augmente de 1 à chaque versement.

2) En utilisant l'exemple ci-dessus, écrire le programme qui calcule le temps nécessaire à obtenir un montant désiré quand la somme versée est multipliée par le nombre de versements effectués à chaque versement. Pour cela, il faudra multiplier S par N.

3) En utilisant l'exemple ci-dessus, ajouter une boucle qui permet de continuer le premier programme tant que l'utilisateur choisit de continuer.

Leçon 14

Nous allons maintenant écrire un programme qui calcule la moyenne de différents nombres. Nous allons utiliser l'instruction arrondi de du menu Opérateurs. Il faudra créer les variables A, M, I, N.

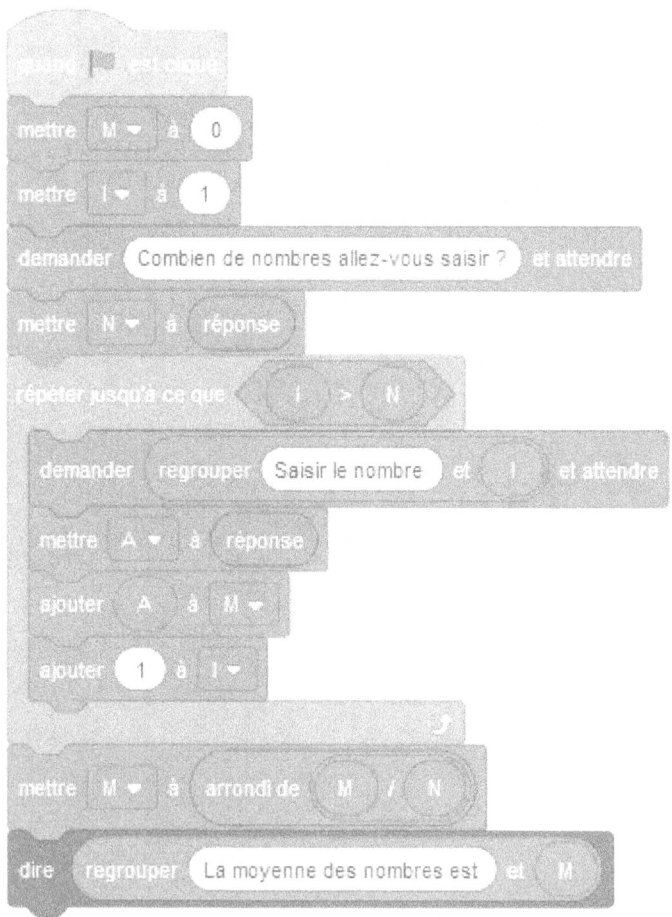

Exercices :

1) En utilisant l'exemple ci-dessus, écrire le programme qui calcule la somme de plusieurs nombres.

2) En utilisant l'exemple ci-dessus, écrire le programme qui calcule le produit de plusieurs nombres.

3) En utilisant l'exemple ci-dessus, écrire le programme qui calcule une moyenne pondérée. Pour cela, il faut ajouter une variable K dans laquelle l'utilisateur saisira le coefficient de chaque nombre et une variable T qui calculera le nombre par lequel on divisera la somme des nombres pondérés. C'est-à-dire qu'on écrira :

$$M \leftarrow M + A * K$$
$$T \leftarrow T + K$$

dans la boucle. Puis il faudra changer la division finale et remplacer N par T.

Leçon 15

Pour l'exercice suivant, nous devrons d'abord écrire l'algorithme, puis le programme. Nous allons d'abord rédiger les éléments nécessaires afin de désigner le nombre le plus grand dans une série de dix nombres. Pour cela, nous avons toutes les connaissances nécessaires. Il faudra créer les variables A, B et N.

Algorithme :

Variables :

A est un nombre

B est un nombre

N est un nombre

Début

A ← 0

B ← 0

N ← 1

Tant que N < 11

      Afficher "Veuillez saisir le nombre n° ",N," : "

      Lire A

      Si B < A

      Alors

            B ← A

      FinSi

N ← N + 1

FinTant que

Afficher "Le plus grand nombre est : ",B

Fin

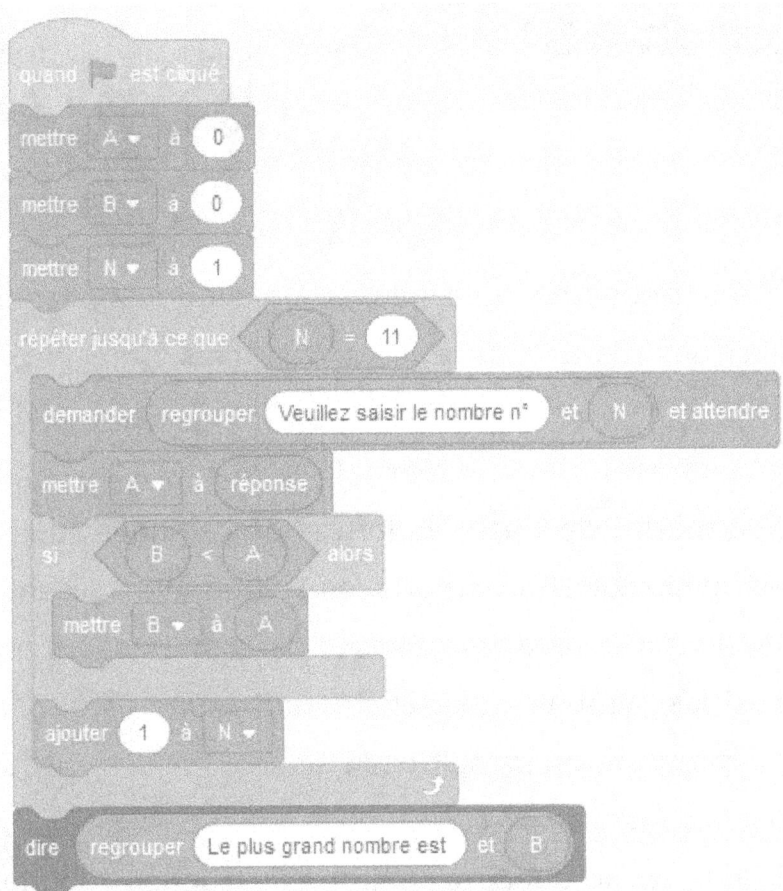

Exercices :

1) En utilisant l'exemple ci-dessus, écrire l'algorithme et le programme qui donne le plus petit nombre d'une série de dix.

2) En utilisant l'exemple ci-dessus, écrire l'algorithme et le programme qui donne le plus grand nombre d'une série dont la quantité est variable.

3) En utilisant l'exemple ci-dessus, écrire l'algorithme et le programme qui donne le plus petit nombre d'une série dont la quantité est variable.

Leçon 16

Afin de pouvoir compter le nombre d'apparitions de chacune des lettres de l'alphabet dans un texte, nous allons devoir utiliser des Listes dans le menu Variables.

Il est nécessaire de créer des blocs dans le menu Mes blocs afin d'alléger le programme principal. Ces blocs vont permettre de saisir les lettres de l'alphabet dans les listes Lettres majuscules et Lettres minuscules, y compris les lettres avec accent, comme é, è, ê, à et ù. Il faut penser à ajouter le caractère Espace dans une des listes. Il pourrait être judicieux d'ajouter aussi les symboles de ponctuation à une liste, par exemple Lettres minuscules, afin que le programme ne soit pas bloqué.

Les listes se remplissent dans l'ordre de la saisie quand on utilise l'instruction Ajouter à du menu Variables ou bien dans l'ordre choisi par le programme quand on utilise l'instruction Élément. Avant de remplir une liste, il faut d'abord penser à la vider complètement, sinon les nouvelles données s'ajoutent aux précédentes.

Nous allons utiliser également l'instruction Longueur de du menu Opérateurs afin de pouvoir connaître la longueur du texte saisi.

Enfin, il est judicieux de ne pas afficher la quantité d'apparitions d'une lettre si elle est égale à zéro.

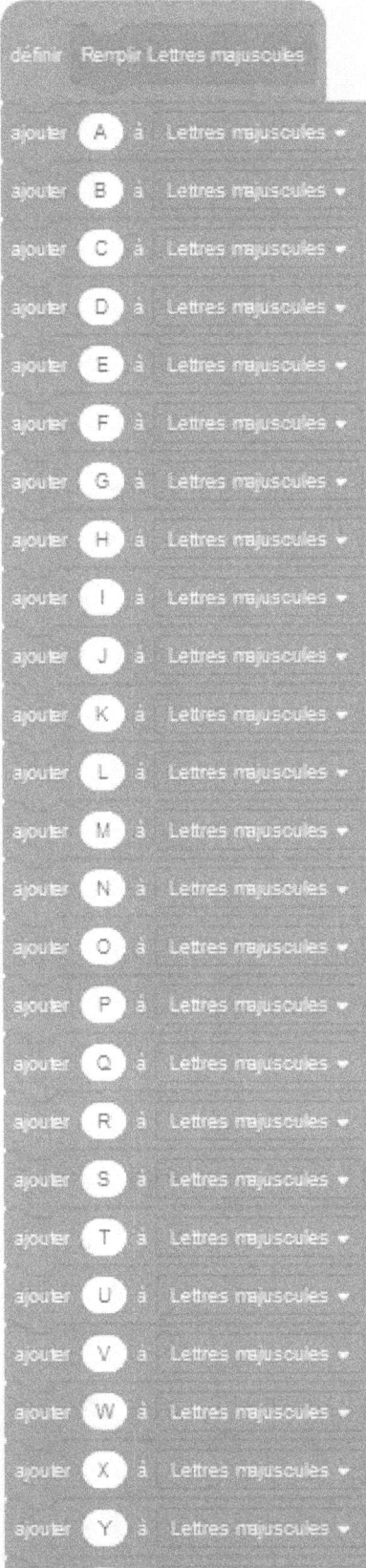

définir Remplir Lettres majuscules

ajouter (A) à Lettres majuscules ▾
ajouter (B) à Lettres majuscules ▾
ajouter (C) à Lettres majuscules ▾
ajouter (D) à Lettres majuscules ▾
ajouter (E) à Lettres majuscules ▾
ajouter (F) à Lettres majuscules ▾
ajouter (G) à Lettres majuscules ▾
ajouter (H) à Lettres majuscules ▾
ajouter (I) à Lettres majuscules ▾
ajouter (J) à Lettres majuscules ▾
ajouter (K) à Lettres majuscules ▾
ajouter (L) à Lettres majuscules ▾
ajouter (M) à Lettres majuscules ▾
ajouter (N) à Lettres majuscules ▾
ajouter (O) à Lettres majuscules ▾
ajouter (P) à Lettres majuscules ▾
ajouter (Q) à Lettres majuscules ▾
ajouter (R) à Lettres majuscules ▾
ajouter (S) à Lettres majuscules ▾
ajouter (T) à Lettres majuscules ▾
ajouter (U) à Lettres majuscules ▾
ajouter (V) à Lettres majuscules ▾
ajouter (W) à Lettres majuscules ▾
ajouter (X) à Lettres majuscules ▾
ajouter (Y) à Lettres majuscules ▾
ajouter (Z) à Lettres majuscules ▾

définir Remplir Lettres minuscules

ajouter (a) à Lettres minuscules ▾
ajouter (b) à Lettres minuscules ▾
ajouter (c) à Lettres minuscules ▾
ajouter (d) à Lettres minuscules ▾
ajouter (e) à Lettres minuscules ▾
ajouter (f) à Lettres minuscules ▾
ajouter (g) à Lettres minuscules ▾
ajouter (h) à Lettres minuscules ▾
ajouter (i) à Lettres minuscules ▾
ajouter (j) à Lettres minuscules ▾
ajouter (k) à Lettres minuscules ▾
ajouter (l) à Lettres minuscules ▾
ajouter (m) à Lettres minuscules ▾
ajouter (n) à Lettres minuscules ▾
ajouter (o) à Lettres minuscules ▾
ajouter (p) à Lettres minuscules ▾

ajouter (q) à Lettres minuscules ▾
ajouter (r) à Lettres minuscules ▾
ajouter (s) à Lettres minuscules ▾
ajouter (t) à Lettres minuscules ▾
ajouter (u) à Lettres minuscules ▾
ajouter (v) à Lettres minuscules ▾
ajouter (w) à Lettres minuscules ▾
ajouter (x) à Lettres minuscules ▾
ajouter (y) à Lettres minuscules ▾
ajouter (z) à Lettres minuscules ▾
ajouter (é) à Lettres minuscules ▾
ajouter (è) à Lettres minuscules ▾
ajouter (ê) à Lettres minuscules ▾
ajouter (à) à Lettres minuscules ▾
ajouter (û) à Lettres minuscules ▾
ajouter ( ) à Lettres minuscules ▾
ajouter (.) à Lettres minuscules ▾
ajouter (,) à Lettres minuscules ▾
ajouter (;) à Lettres minuscules ▾
ajouter (!) à Lettres minuscules ▾
ajouter (?) à Lettres minuscules ▾
ajouter (') à Lettres minuscules ▾
ajouter (") à Lettres minuscules ▾

ces deux blocs
d'instructions n'en font
qu'un en réalité, j'ai dû
les séparer pour que ce
soit lisible.

J'ai séparé également le script en deux parties pour que ce soit lisible :

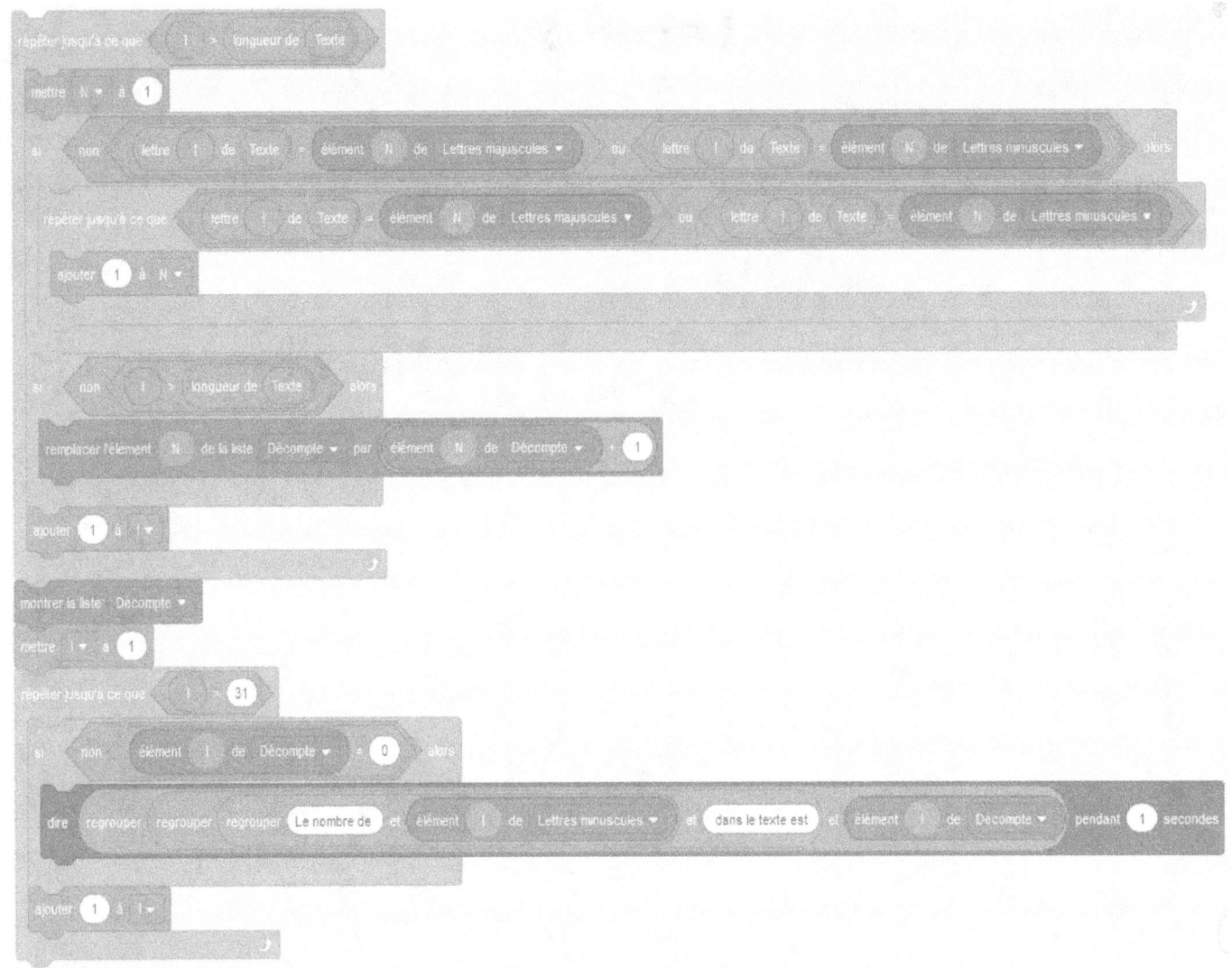

Exercices :

1) En utilisant l'exemple ci-dessus, écrire le programme qui compte le nombre d'apparition d'une lettre saisie par l'utilisateur dans un fichier texte.

2) En utilisant l'exemple ci-dessus, écrire le programme qui donne le nombre d'apparition de plusieurs lettres saisies par l'utilisateur dans un fichier texte.

3) En utilisant l'exemple ci-dessus, écrire le programme qui donne la fréquence d'apparition des lettres dans un fichier texte (Astuce : calculer le nombre total de lettres du fichier texte).

Leçon 17

Escargot de Pythagore

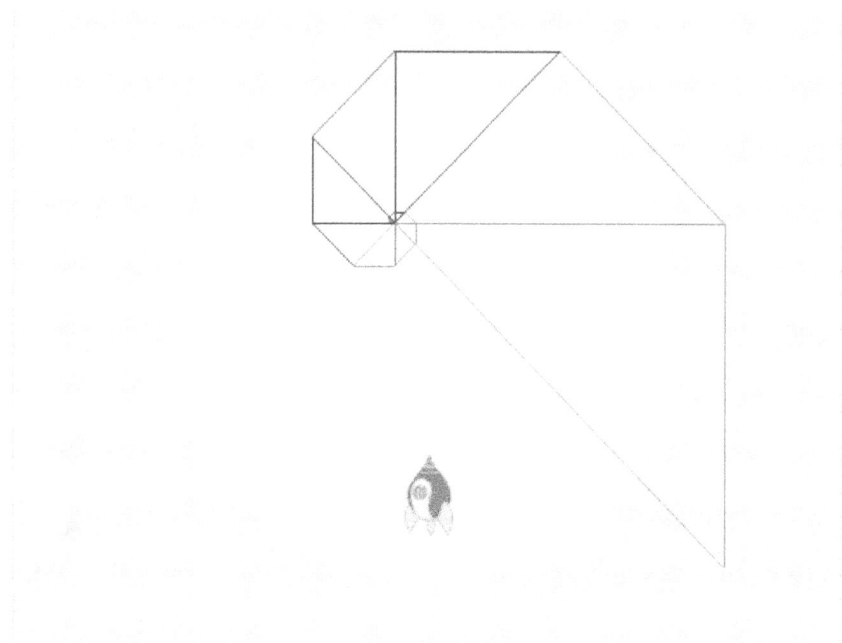

Position de départ (-20 ; 60), orienté à -90.

Dessiner un triangle rectangle isocèle avec une variable côté initialisée à 3.

Utiliser  pour la longueur de l'hypoténuse.

Relever le stylo et repasser sur l'hypoténuse afin de tracer le deuxième triangle.

Répéter 12 fois la procédure, cela donnera 13 triangles en tout.

Changer de couleur du stylo entre chaque triangle.

Leçon 18

Cercles concentriques

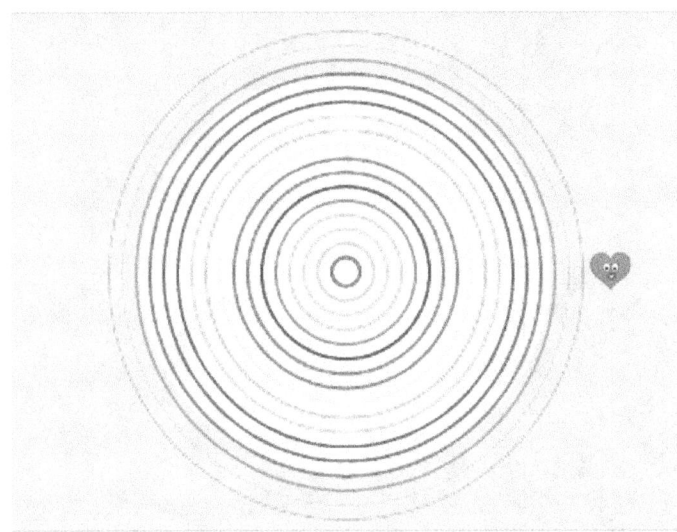

Pour créer des cercles concentriques, il faut choisir la position de départ du lutin au centre de l'écran, c'est-à-dire en (0 ; 0) et l'orienter vers la droite. Il faut ensuite créer une variable rayon et lui donner comme première valeur 10, puis lui ajouter 10 pour passer au cercle suivant. Il est possible de dessiner 17 cercles complets. La taille du stylo peut être 1 ou 2. On changera la couleur à chaque cercle, par exemple en ajoutant 30 à la couleur du stylo.

Les instructions suivantes :   permettent de dessiner un cercle.

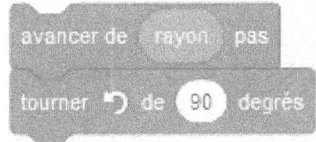

Les instructions :   permettent de positionner le lutin afin de dessiner le cercle.

Variante : mettre, au départ, la taille du stylo à 1, le rayon à 5 et ajouter 5 au rayon à chaque changement de cercle. Ajouter 10 à la couleur du stylo. Faire 35 cercles.
Pour des cercles plus précis, répéter 360 fois tourner de 1 degré et diviser par 180 au lieu de 90.

Leçon 19

Tapis de frises avec triangle équilatéral

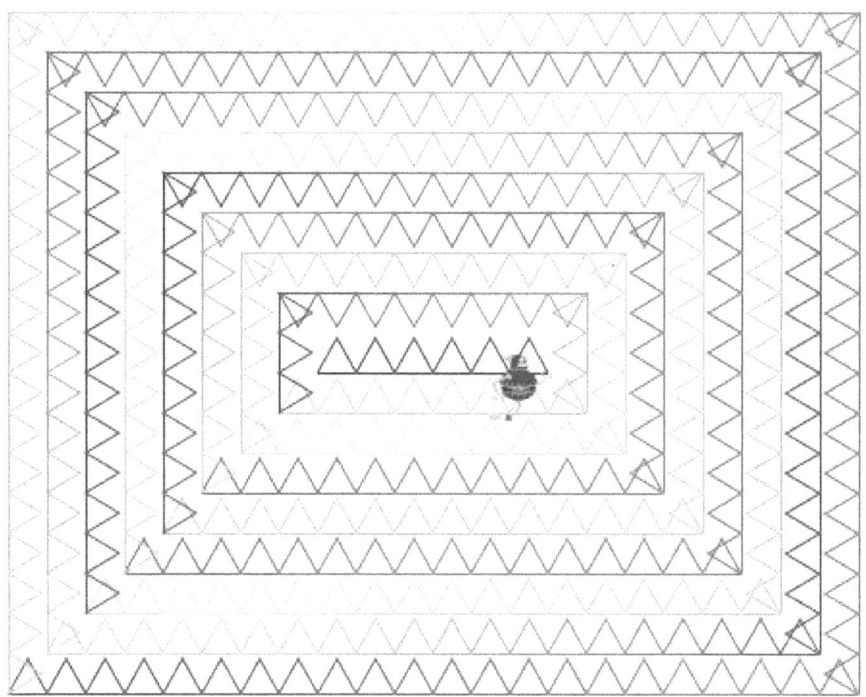

Pour créer cette figure, il faut tout d'abord créer un bloc pour dessiner les triangles équilatéraux de 20 pas de côtés et changer la couleur du stylo en y ajoutant 2.

Il faut créer plusieurs variables : x pour l'abscisse, y pour l'ordonnée, orientation pour l'orientation du lutin, longueur pour le nombre de triangles sur la longueur de l'écran et largeur pour le nombre de triangles sur la largeur.

La position de départ est x = -220 et y = -170, l'orientation de départ est orientation à 90, la longueur de départ est longueur = 22 et la largeur est largeur = 17.

On effectue 2 fois la longueur et la largeur, entre chaque, on ajoute -90 à l'orientation.

On effectue 8 fois le tour de l'écran, entre chaque tour, on ajoute 20 à x et à y et -2 à la longueur et à la largeur.

Tout à la fin, on positionne le lutin à x = -60 et y = -10 pour faire une mini-frise de 6 triangles.

Leçon 20

Rosace classique

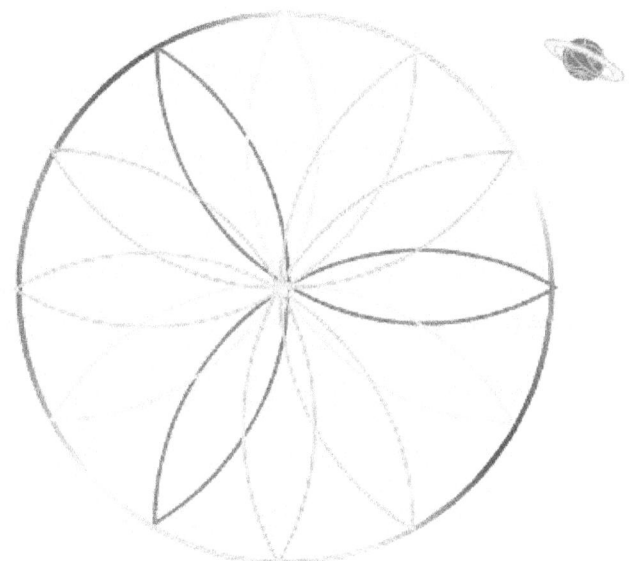

Pour cet exercice, le tracé de la partie intérieure de la rosace s'effectue avec les instructions :

On utilise une variable rayon que l'on peut initialiser à 160 pas et une variable déplacement qui permet de déplacer le lutin sur le grand cercle afin de tracer les parties intérieures aux différents emplacements. Cette variable déplacement est initialisée à 90 pas.

Pour que le script soit moins long sur la page, on peut créer un bloc contenant les instructions qui permettent de tracer l'intérieur de la rosace.

Leçon 21

Triangle équilatéral avec fractales

Pour dessiner les fractales dans le triangle, il faut créer trois costumes composés d'un seul point coloré centré sur la croix dans le cercle :

Il est judicieux d'agrandir le lutin à 200% de la taille initiale pour le voir. Après avoir tracé le triangle équilatéral de 400 pas de côtés, il faut créer une variable numéro variant entre 1 et 3. Quand cette variable vaut 1, on bascule sur le costume avec le point gris et on écrit le script suivant (estampiller signifie dessiner une trace exacte du lutin à l'écran) :

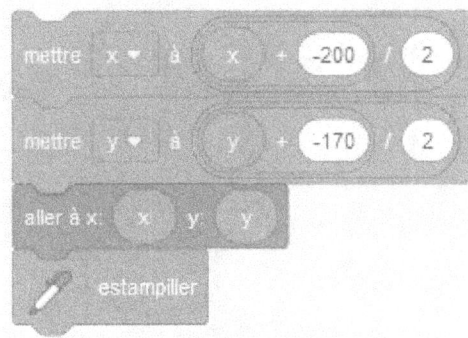

Quand la variable vaut 2, on bascule sur le costume rouge et on a :

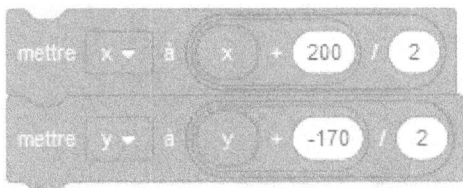

Quand elle vaut 3, on bascule sur le costume bleu et on a :

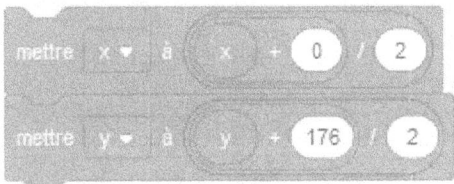

Leçon 22

Hexagone régulier avec fractales quatre neuvièmes

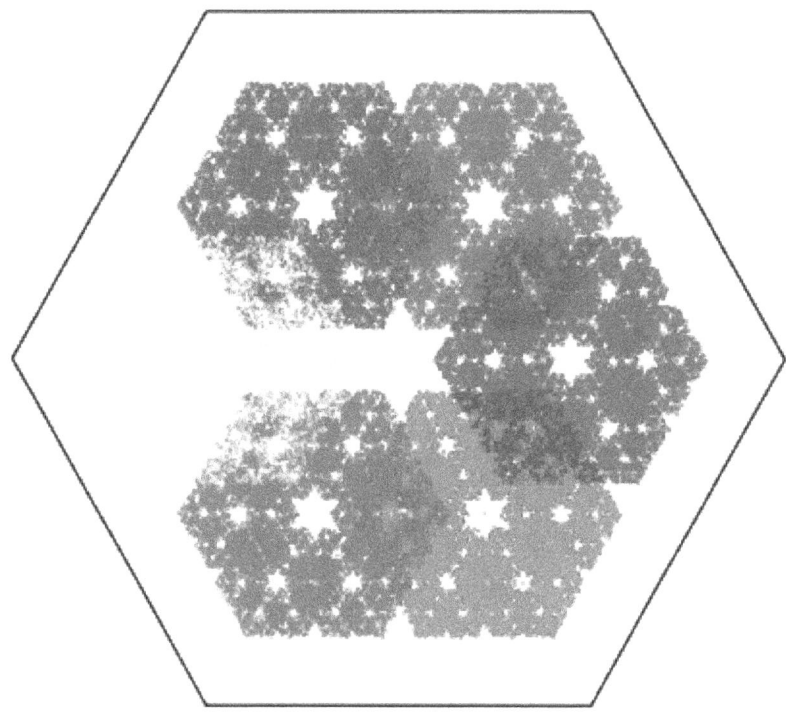

Pour dessiner les fractales dans l'hexagone, il faut créer six costumes composés d'un seul point coloré centré sur la croix dans le cercle :

Il est judicieux d'agrandir le lutin à 200% de la taille initiale pour le voir. Après avoir tracé l'hexagone régulier de 200 pas de côtés, il faut créer une variable numéro variant entre 1 et 6. Quand cette variable vaut 1, on bascule sur le costume avec le point gris et on écrit le script suivant :

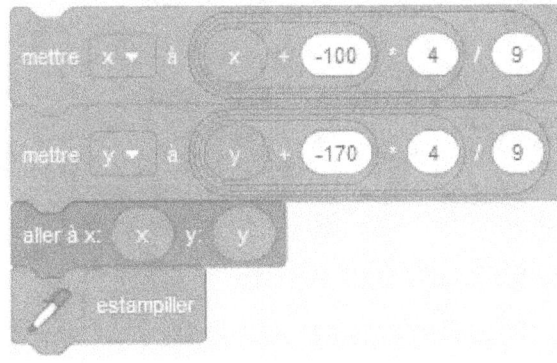

Quand la variable vaut 2, on bascule sur le costume rouge et on a :

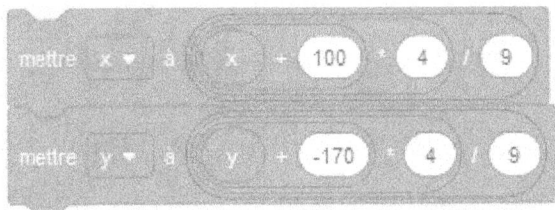

Quand elle vaut 3, on bascule sur le costume bleu et on a :

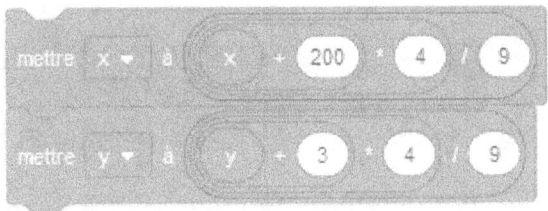

Quand la variable vaut 4, on bascule sur le costume marron et on a :

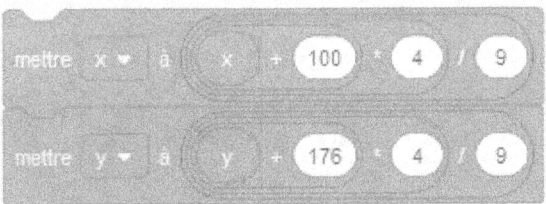

Quand elle vaut 5, on bascule sur le costume vert et on a :

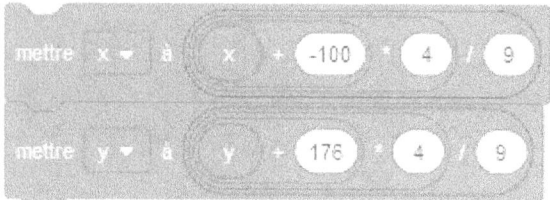

Quand elle vaut 6, on bascule sur le costume jaune et on a :

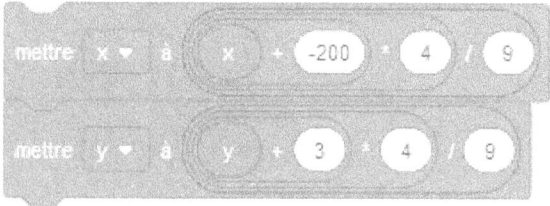

Correction des exercices

Leçon 1 :

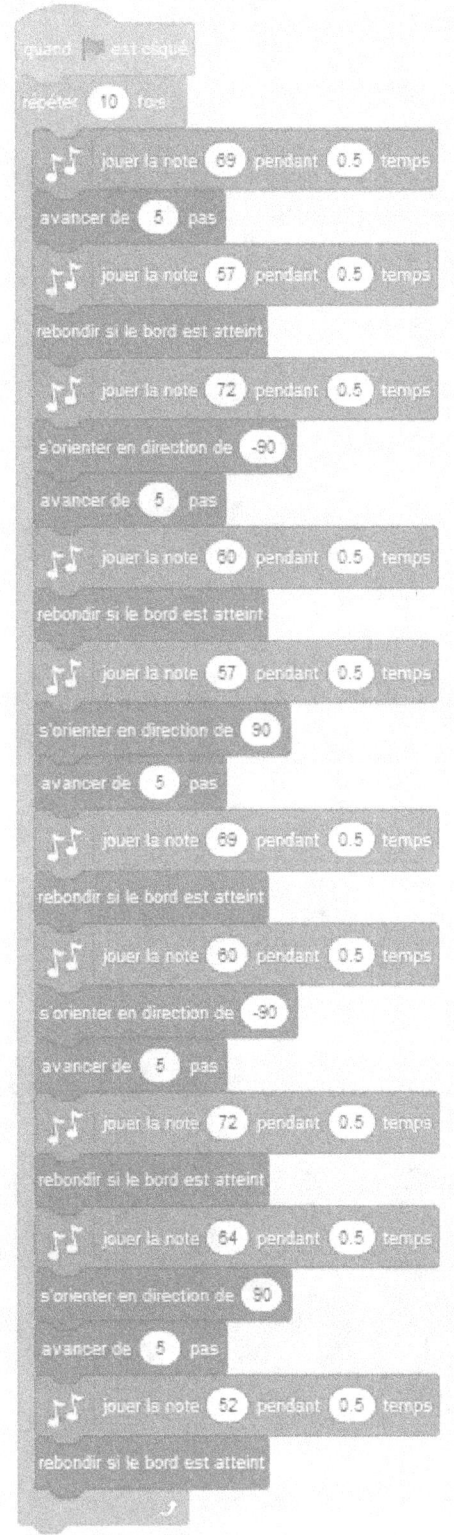

Leçon 2 :

Leçon 3 :

1
2

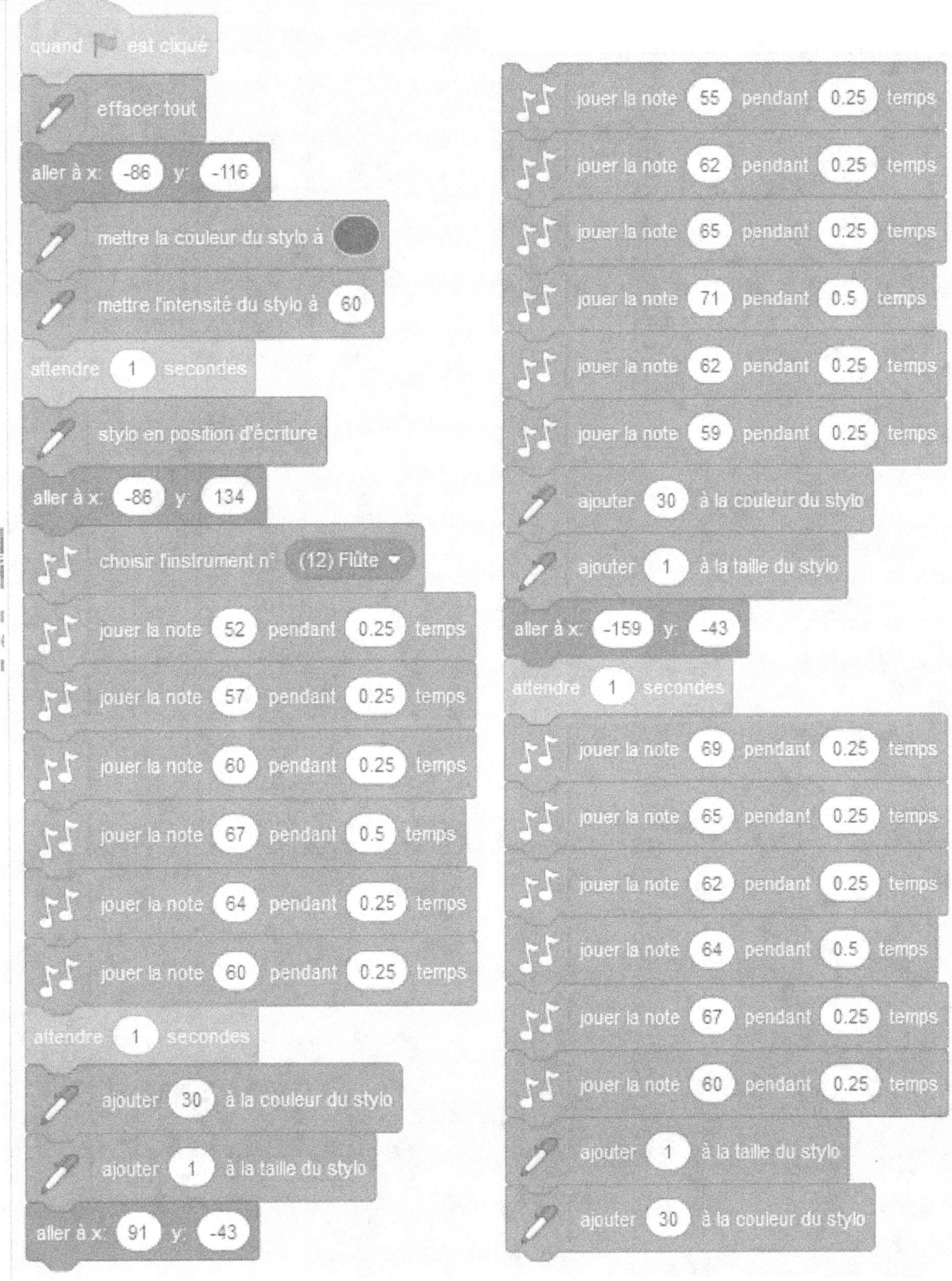

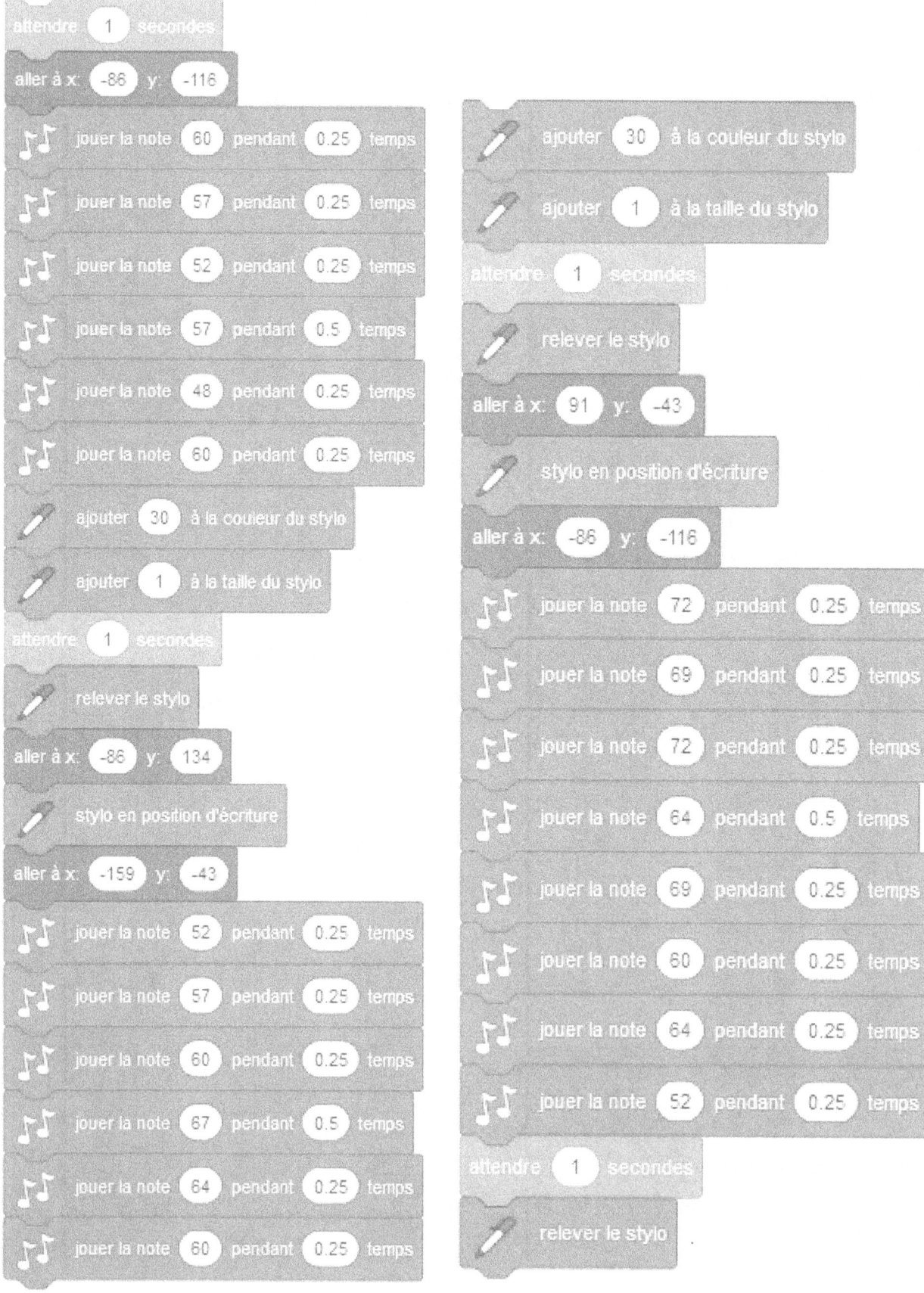

Leçon 4 :

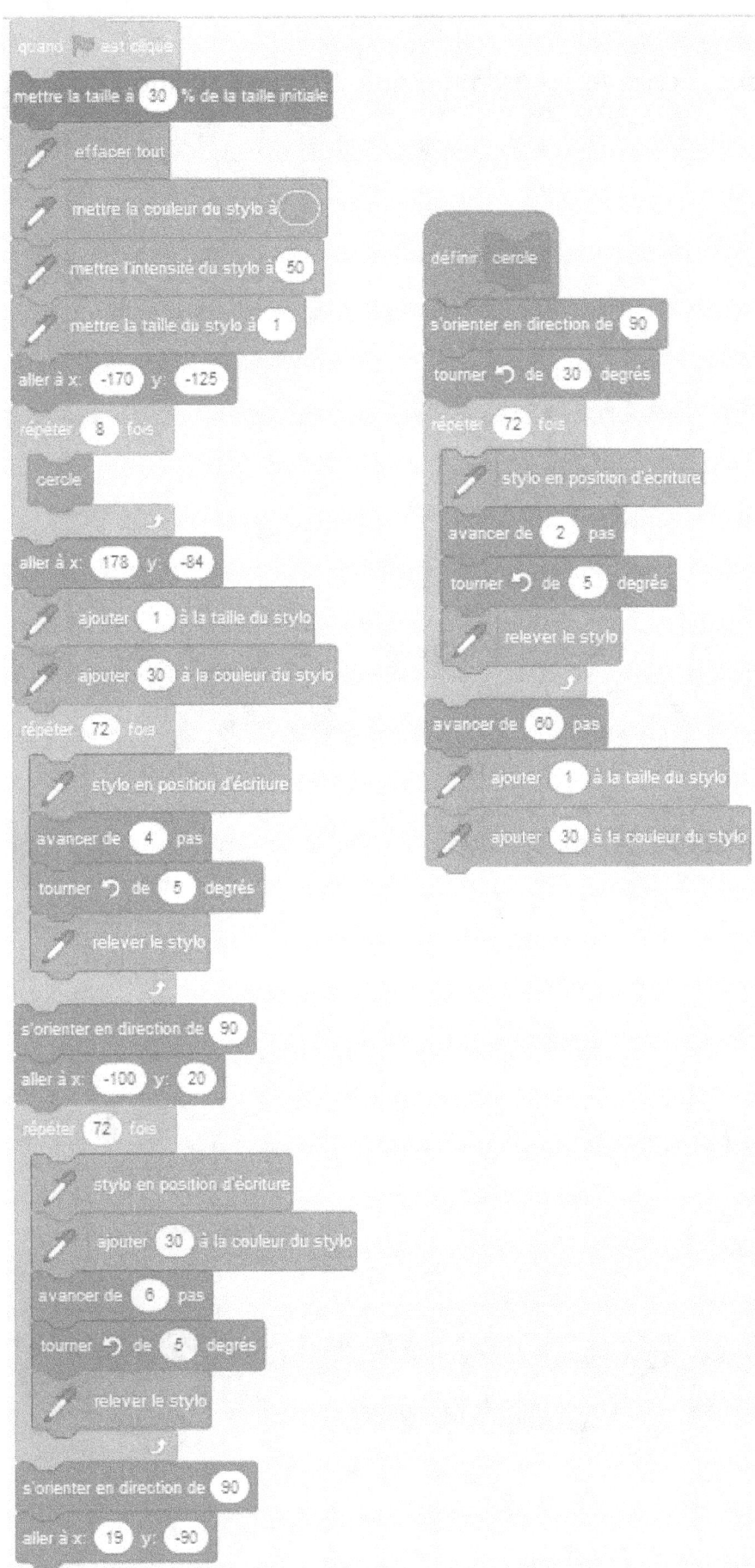

Leçon 5 :

1) En utilisant l'exemple ci-dessus, écrire le programme qui effectue l'addition de trois nombres saisis par l'utilisateur.

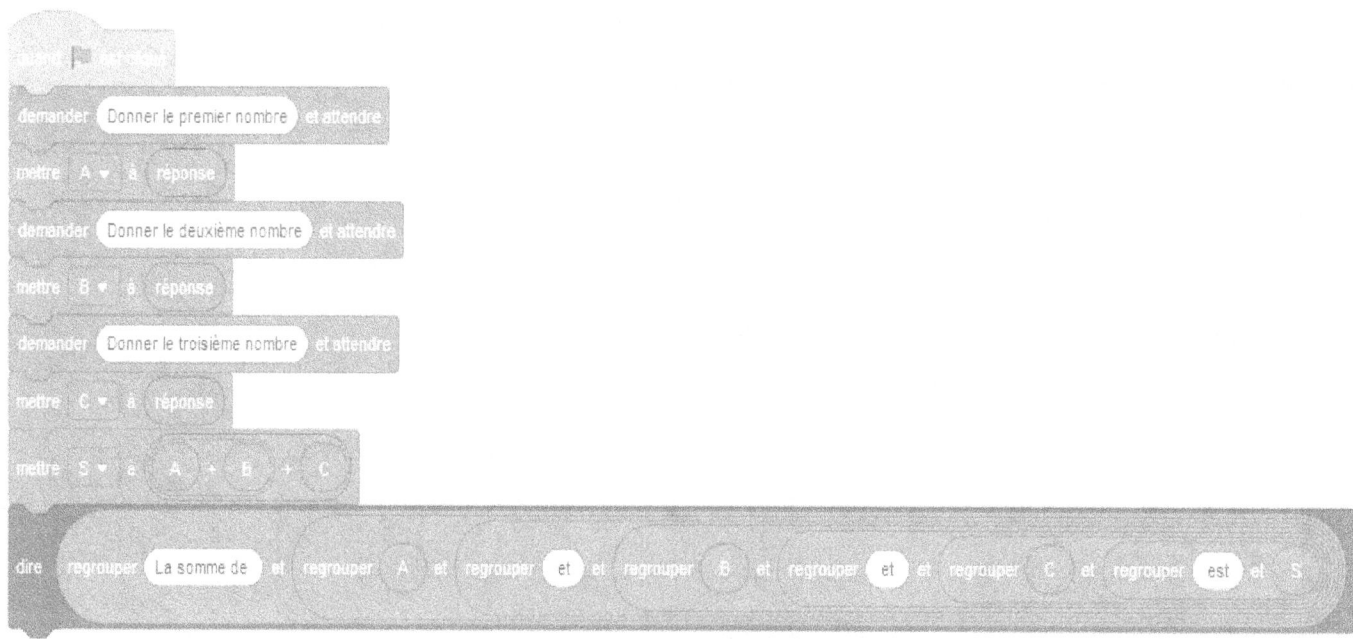

2) Écrire le programme qui effectue la soustraction de deux nombres saisis par l'utilisateur.

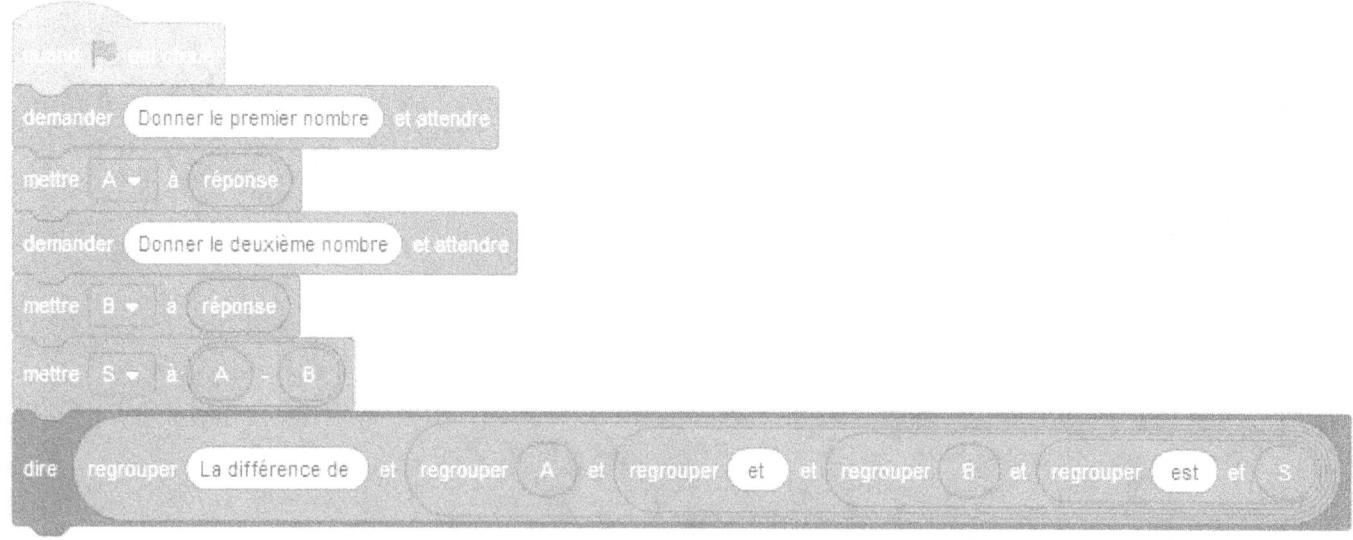

3) Écrire le programme qui effectue la multiplication de deux nombres saisis par l'utilisateur.

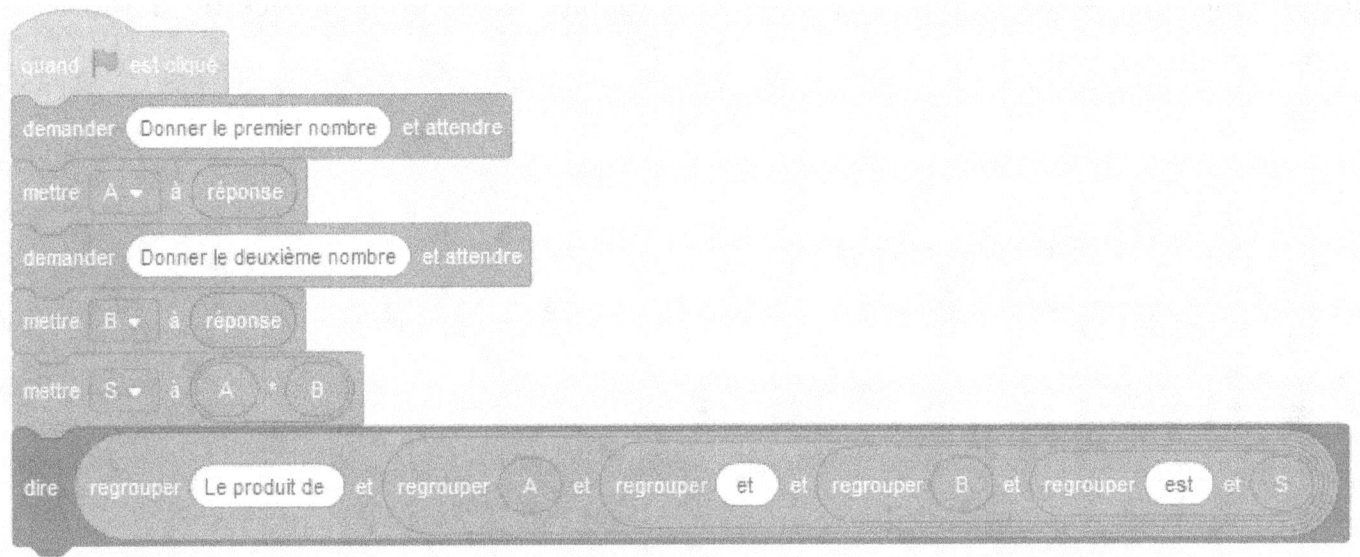

Leçon 6 :

1) En utilisant l'exemple ci-dessus, écrire le programme informatique qui effectue le programme suivant : prendre un nombre A, le multiplier par 5 et afficher le résultat intermédiaire R = A x 5, puis additionner ce résultat avec la différence du nombre de départ et de 10, soit : R = (A x 5) + (A – 10).

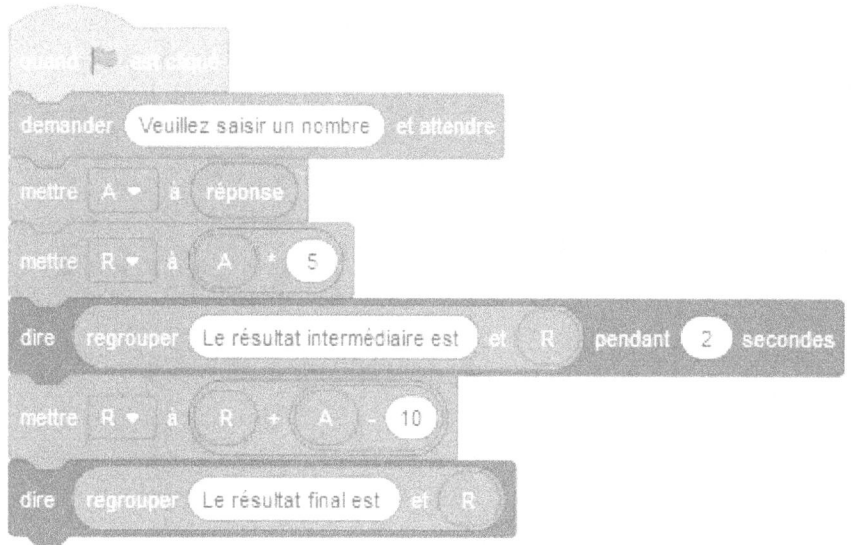

2) Écrire le programme informatique qui effectue le programme suivant : prendre un nombre A, le diviser par 2 et afficher le résultat intermédiaire R = A : 2, puis soustraire ce résultat au produit du nombre de départ et de 5, soit :
R = (A x 5) - (A : 2).

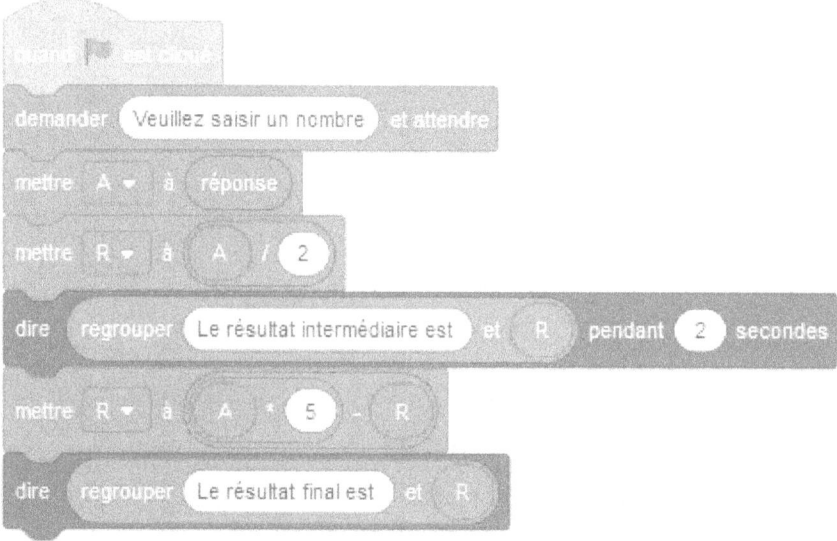

3) Écrire le programme informatique qui effectue le programme suivant : prendre un nombre A, lui additionner 11 et afficher le résultat intermédiaire R = A + 11, puis diviser ce résultat par la différence du nombre de départ et de 4, soit :

R = (A + 11) : (A – 4).

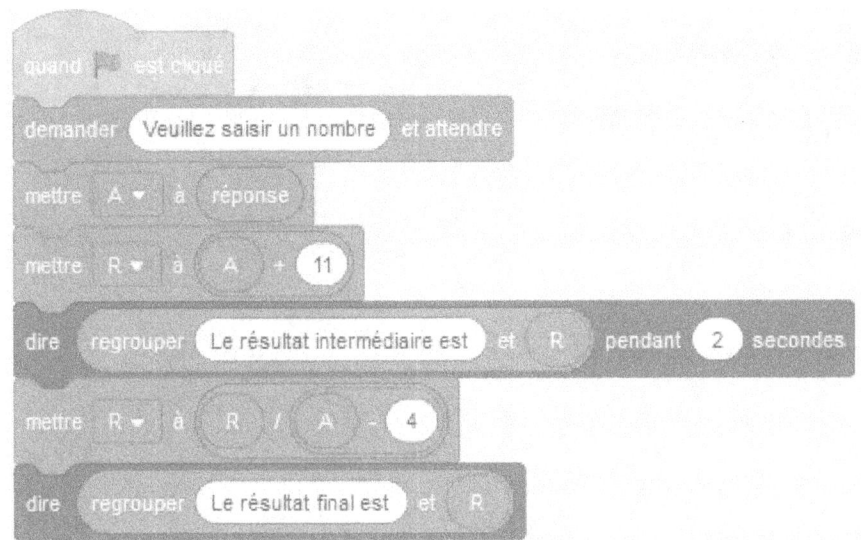

Leçon 7 :

1) En utilisant l'exemple ci-dessus, écrire le programme qui effectue la division de A par B et qui donne le quotient et le reste, le quotient ayant jusqu'à un chiffre après la virgule. Pour cela, l'astuce consiste à écrire :

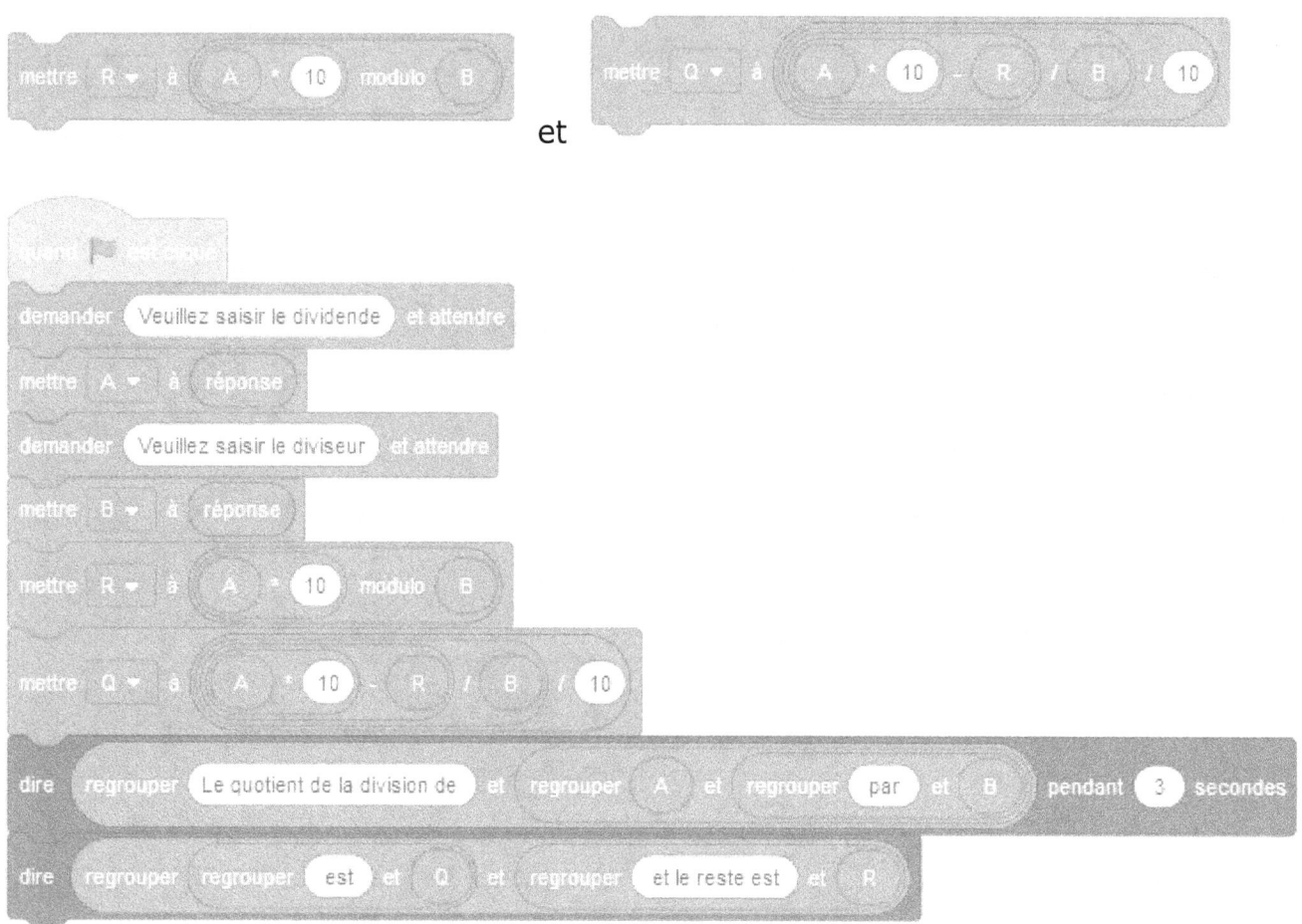

2) En utilisant l'exemple ci-dessus, écrire le programme qui effectue la division de A par B et qui donne le quotient et le reste, le quotient ayant jusqu'à deux chiffres après la virgule. Pour cela, l'astuce consiste à écrire la même chose que pour l'exercice 1 mais en remplaçant 10 par 100.

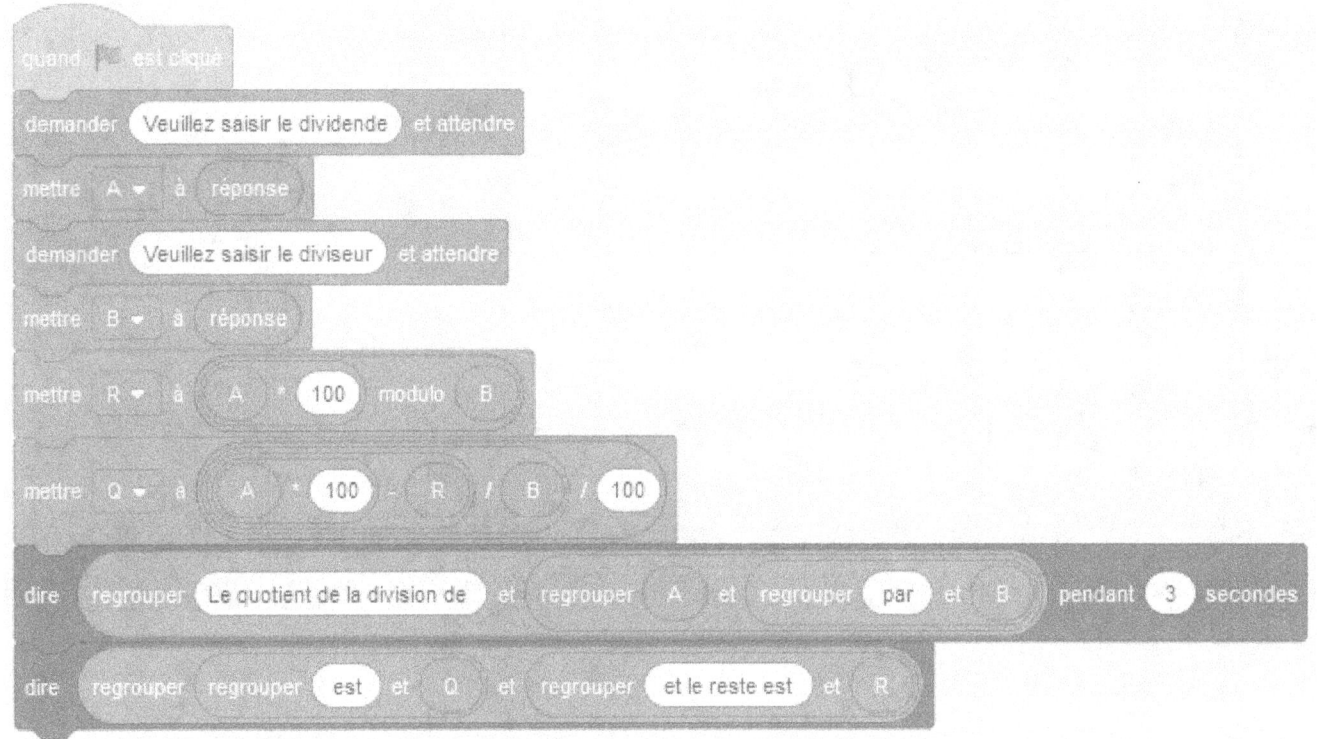

3) En utilisant l'exemple ci-dessus, écrire le programme qui effectue la division de A par B et qui donne le quotient et le reste, le quotient ayant jusqu'à trois chiffres après la virgule.

Leçon 8 :

1) En utilisant l'exemple ci-dessus, écrire le programme qui effectue une multiplication ou une division, suivant le choix de l'utilisateur.

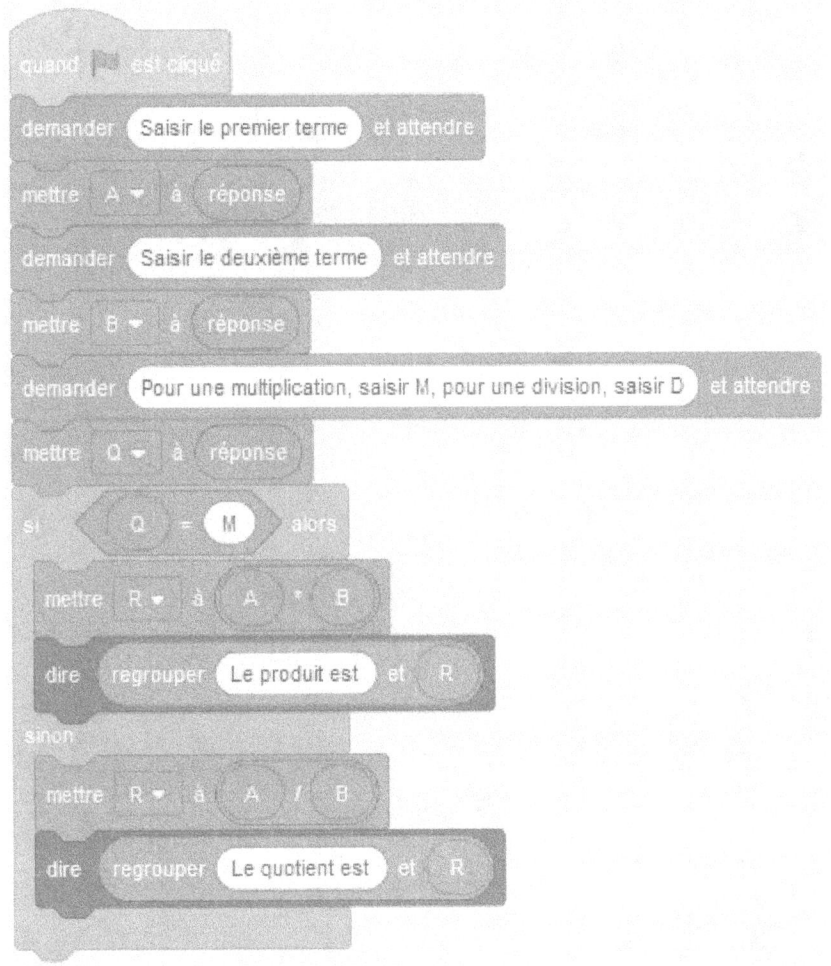

2) En utilisant l'exemple ci-dessus, écrire le programme qui multiplie un nombre par 2 ou le multiplie par lui-même (pour le mettre au carré), suivant le choix de l'utilisateur.

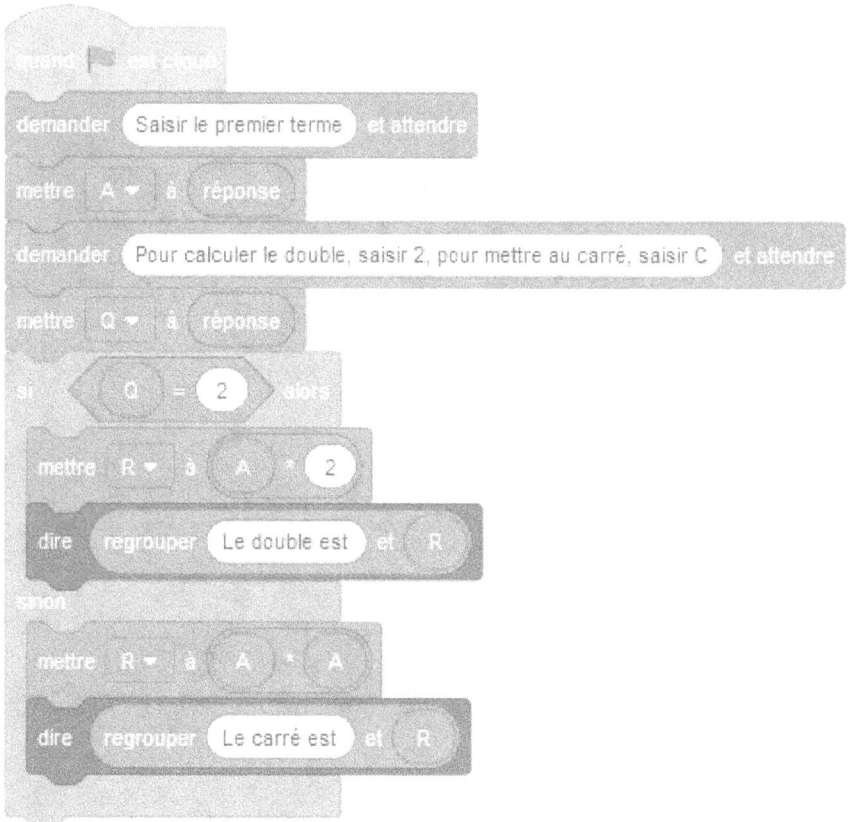

3) En utilisant l'exemple ci-dessus, écrire le programme qui multiplie un nombre par 3 ou le divise par 2, suivant le choix de l'utilisateur.

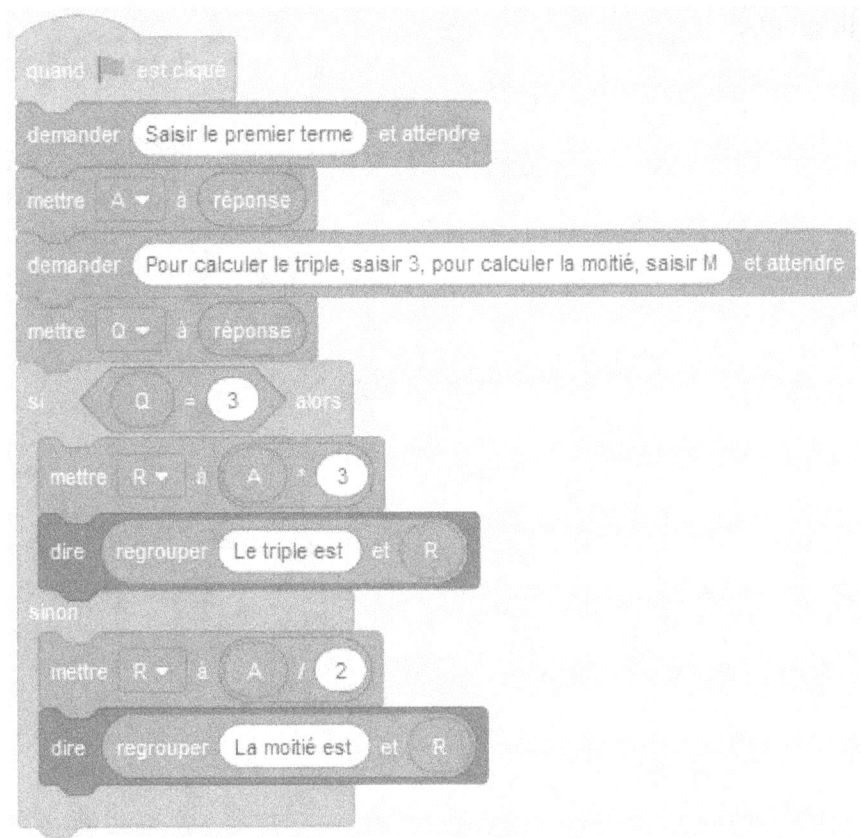

143

Leçon 9 :

1) En utilisant l'exemple ci-dessus, écrire le programme qui multiplie un nombre par 2, 3 ou 4, suivant le choix de l'utilisateur.

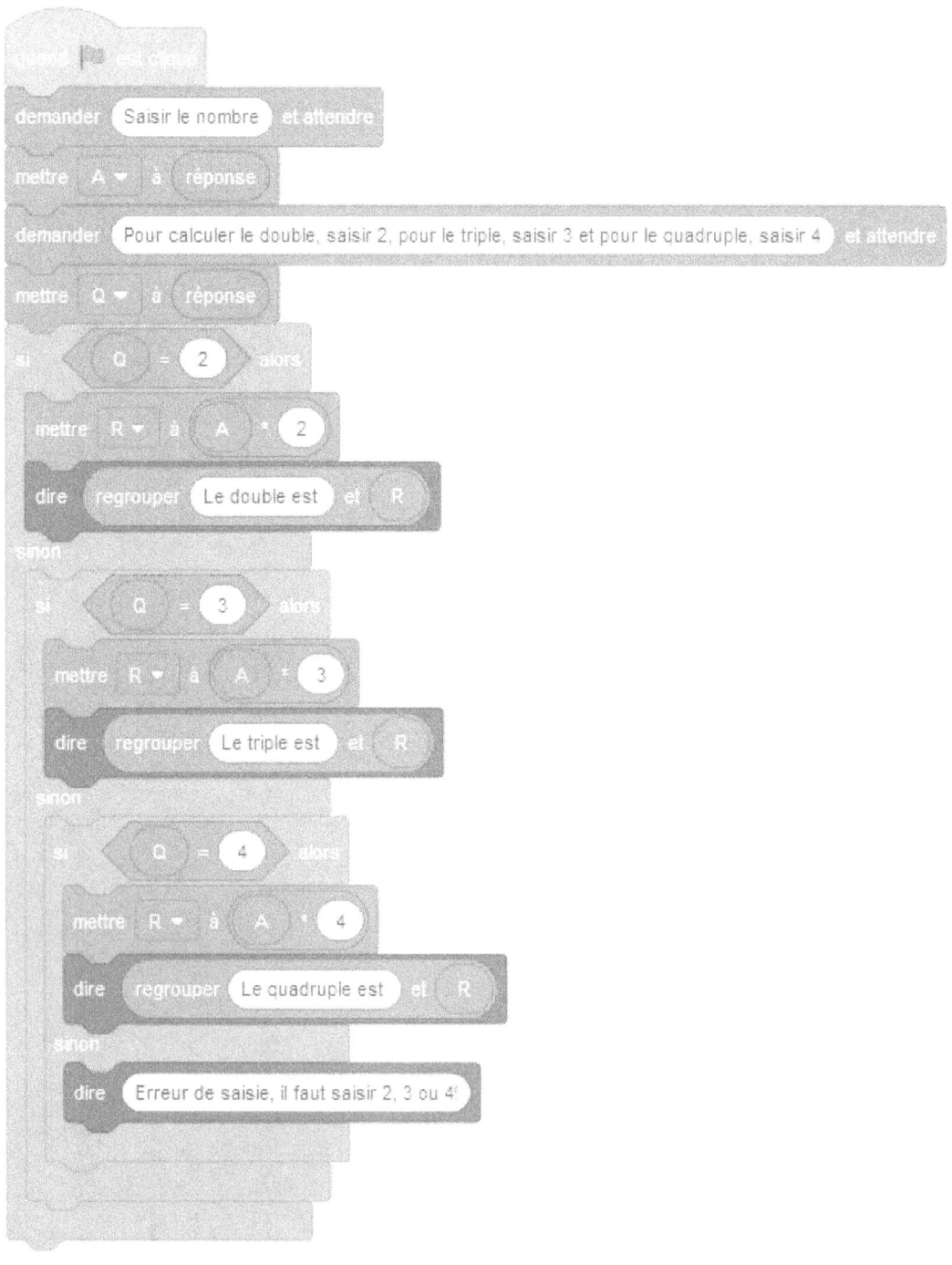

2) En utilisant l'exemple ci-dessus, écrire le programme qui ajoute 10, 20 ou 30 à un nombre, suivant le choix de l'utilisateur.

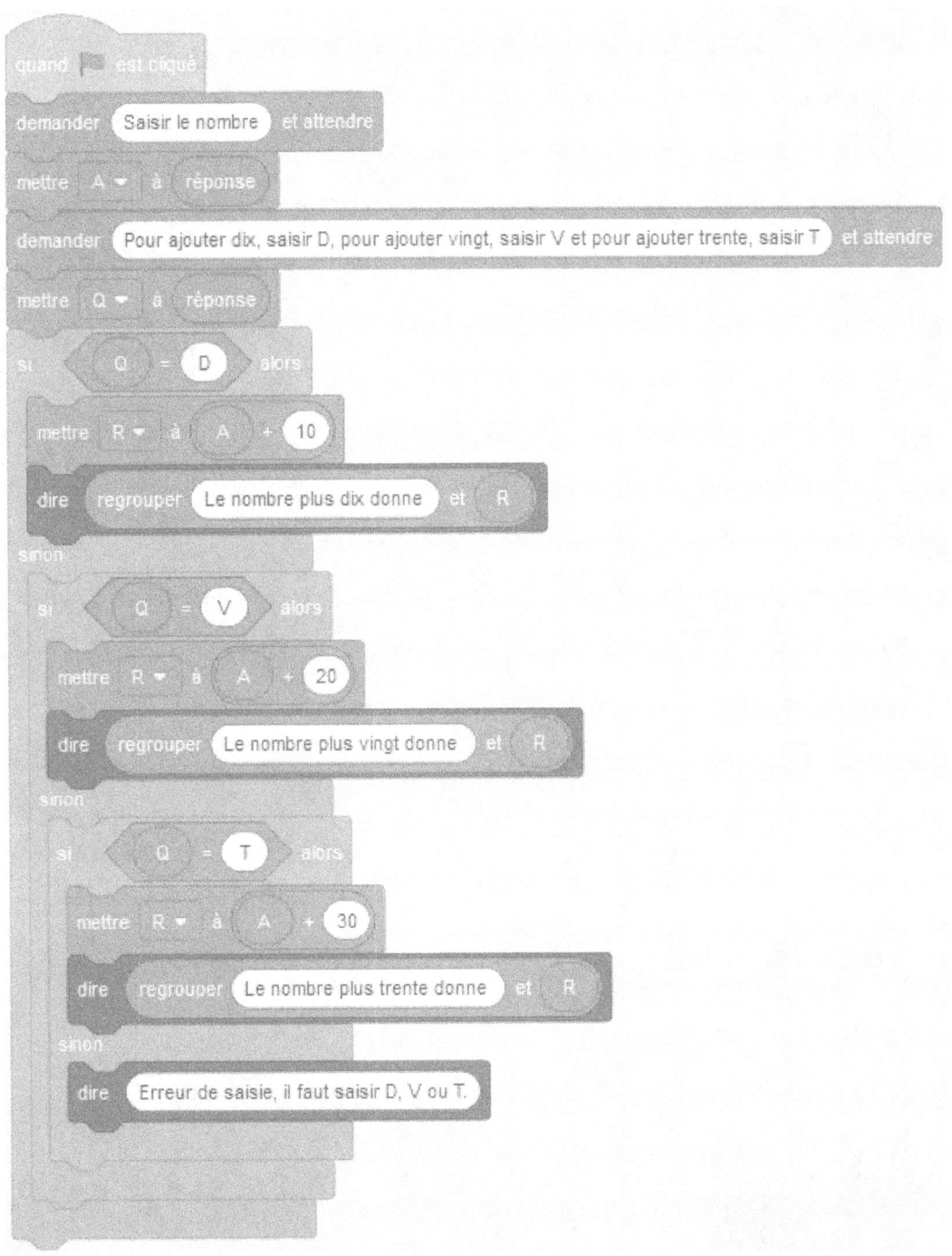

3) En utilisant l'exemple ci-dessus, écrire le programme qui divise un nombre par 2, par 5, par 10 ou par 20, suivant le choix de l'utilisateur.

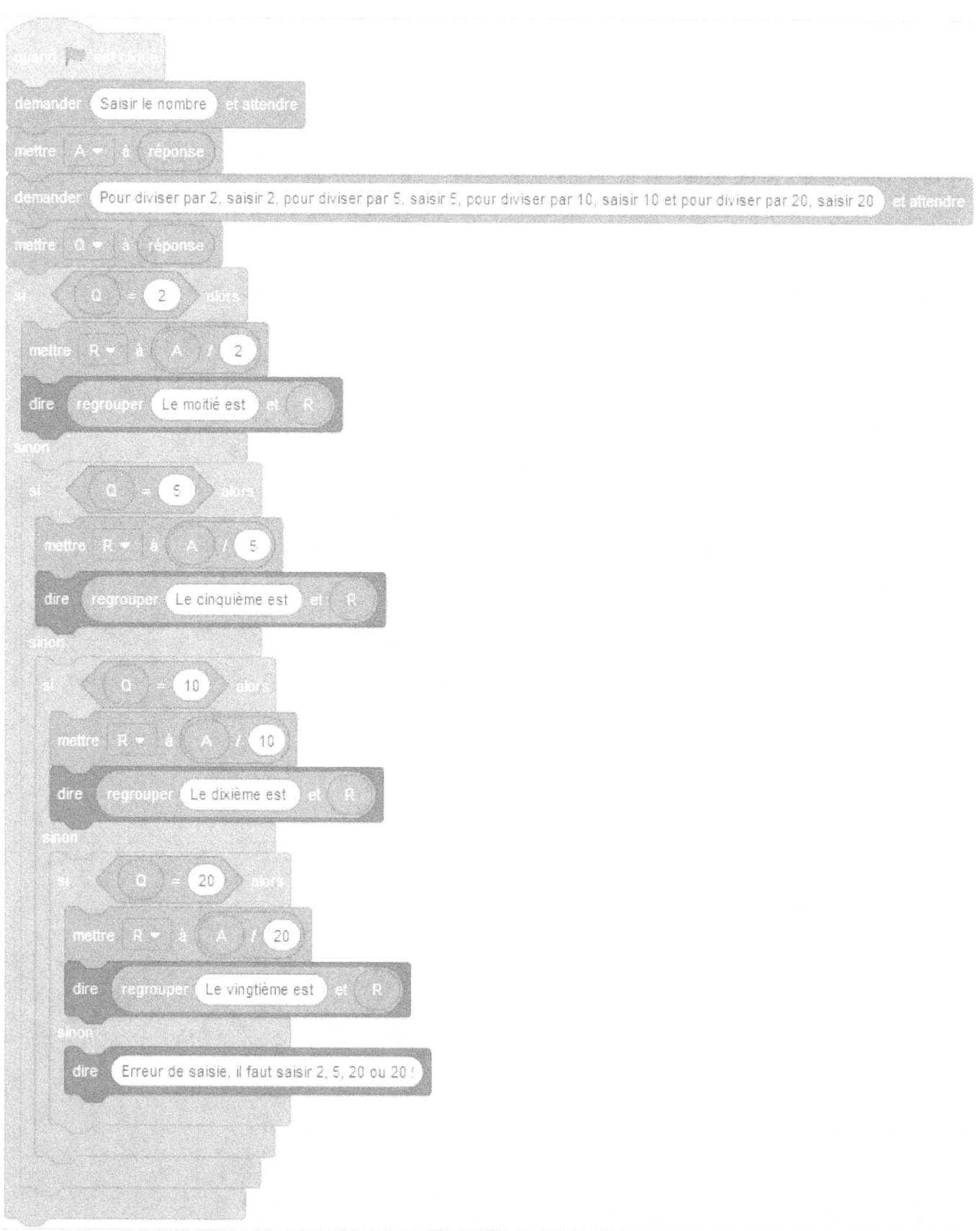

Leçon 10 :

1) En utilisant l'exemple ci-dessus, écrire le programme qui calcule l'image d'un nombre saisi par l'utilisateur par la fonction g de la forme :

si x < 0 alors g(x) = (-x + 2)/x

si x = 0 alors g(x) = 1

si x > 0 alors g(x) = (x + 2)/x

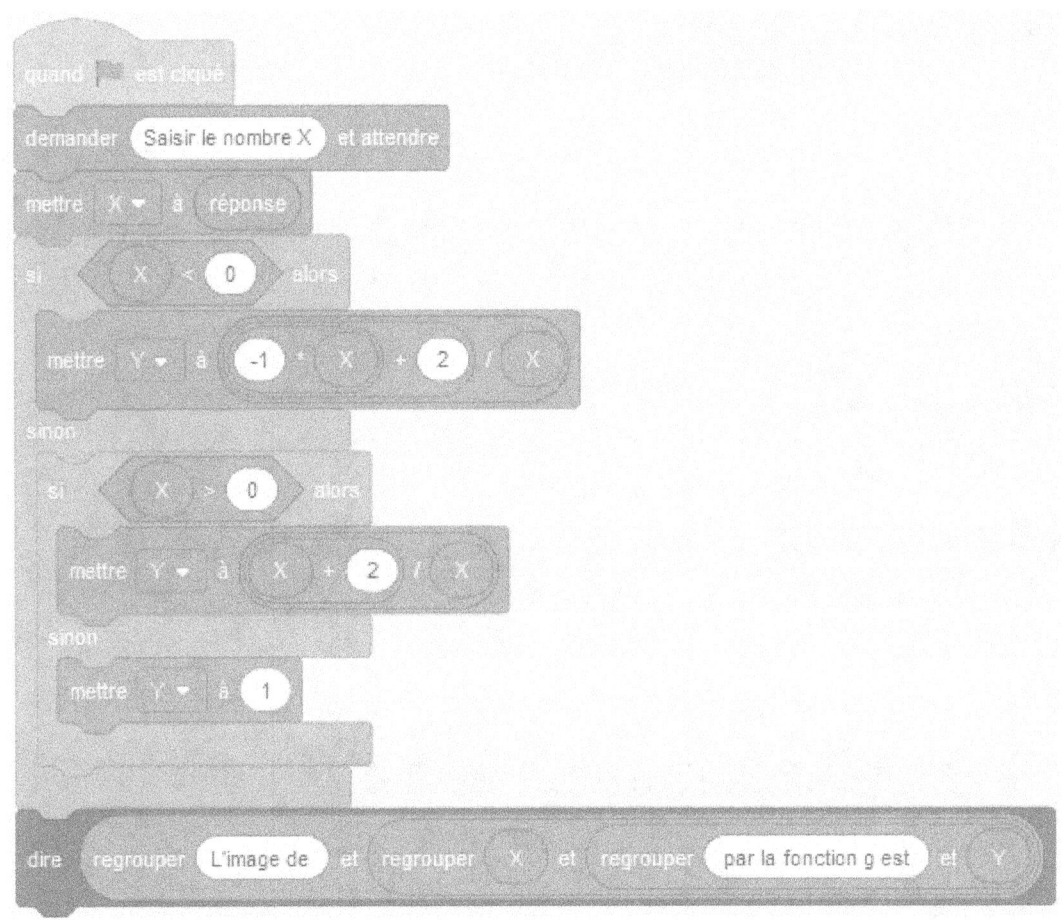

2) En utilisant l'exemple ci-dessus, écrire le programme qui calcule l'image d'un nombre saisi par l'utilisateur par la fonction h de la forme :

si x < 5 alors h(x) = (x + 3)/(x - 5)

si 5 ≤ x ≤ 8 alors h(x) = (x + 2)/(x - 9)

si x > 8 alors h(x) = (x + 4)/(x – 8)

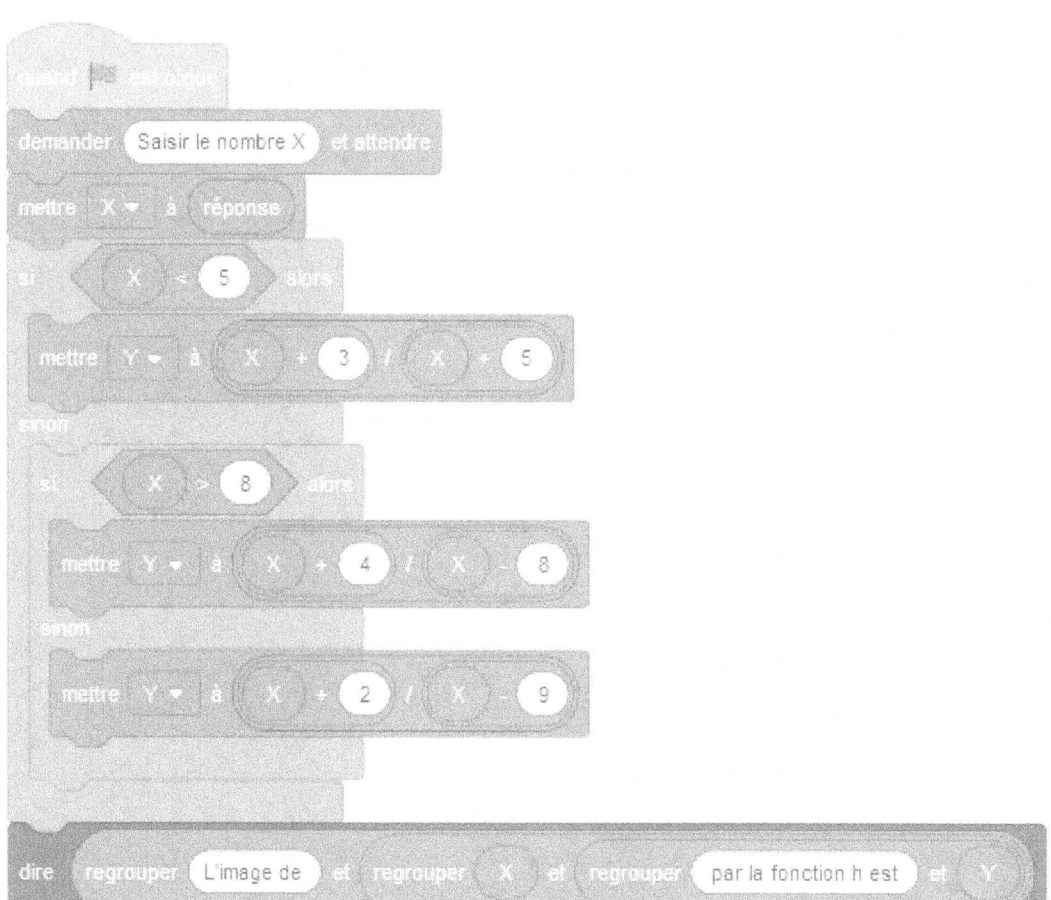

148

3) En utilisant l'exemple ci-dessus, écrire le programme qui calcule l'image d'un nombre saisi par l'utilisateur par la fonction k de la forme :

si x < -1 alors k(x) = (3x - 1)/(x + 1)

si -1 ≤ x ≤ 2 alors k(x) = (x - 5)/(x - 3)

si x > 2 alors k(x) = (2x - 7)/(x + 2)

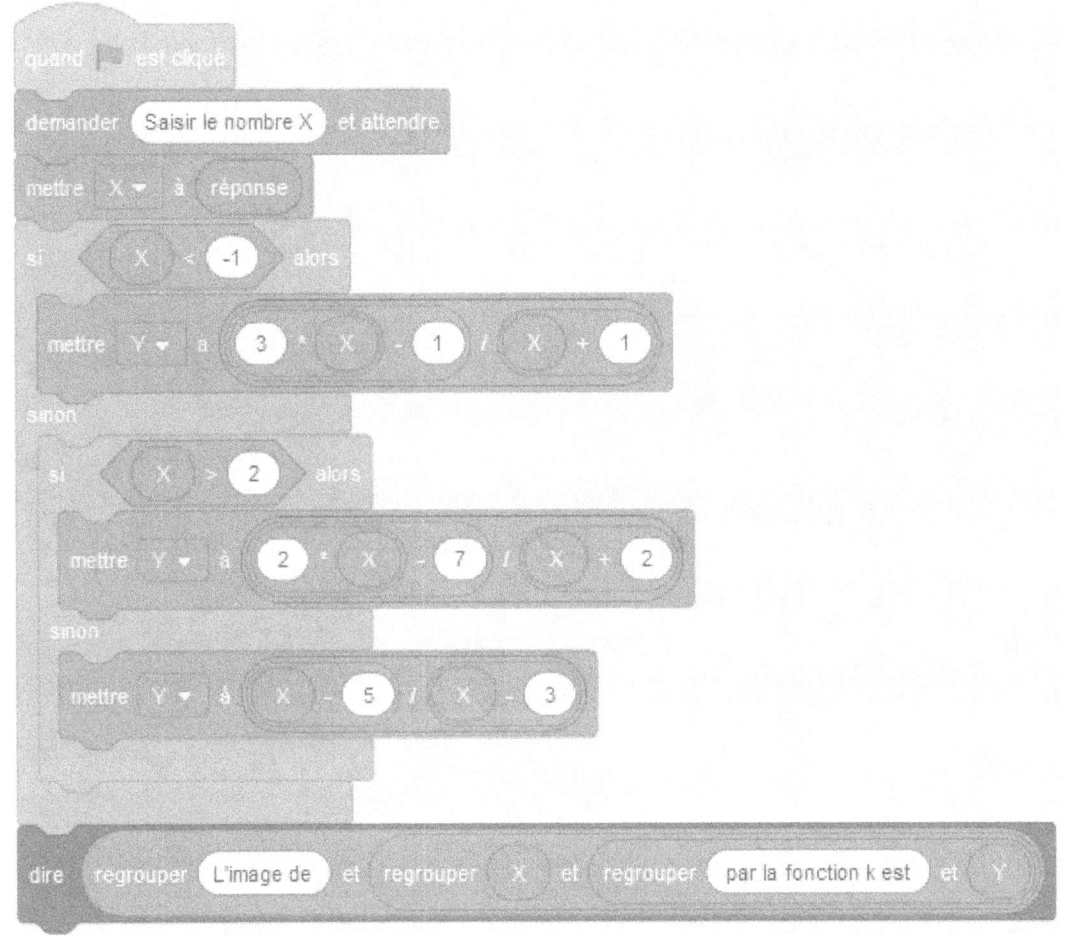

Leçon 11 :

1) En utilisant l'exemple ci-dessus, écrire le programme qui dit si un nombre entier, saisi par l'utilisateur, est pair ou impair. Pour cela, il suffira d'appliquer l'algorithme exemple pour voir si un nombre est divisible par 2 ou pas.

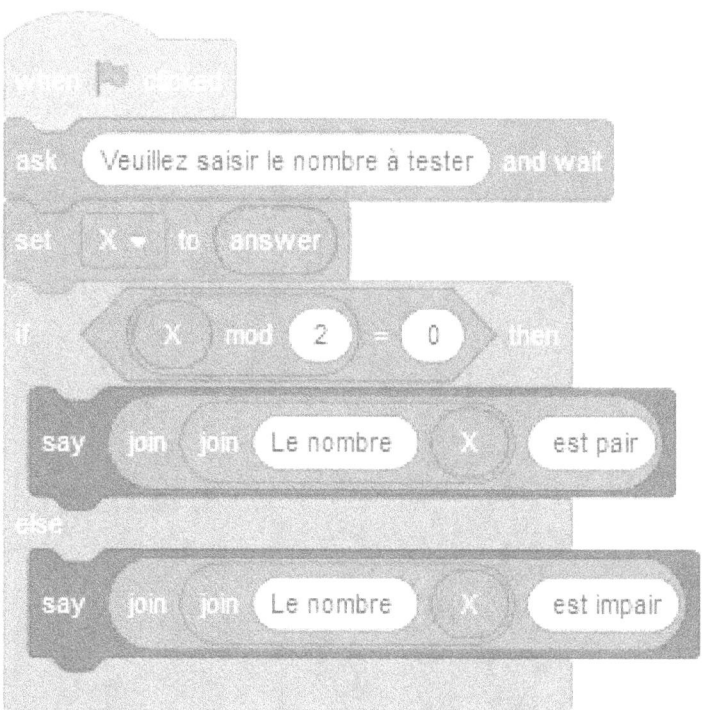

2) En utilisant l'exemple ci-dessus, écrire le programme qui calcule l'image d'un nombre entier saisi par l'utilisateur par la fonction m de la forme :

si x est divisible par 5 alors $m(x) = \dfrac{x}{5} + 8$

sinon $m(x) = 5x + 2$

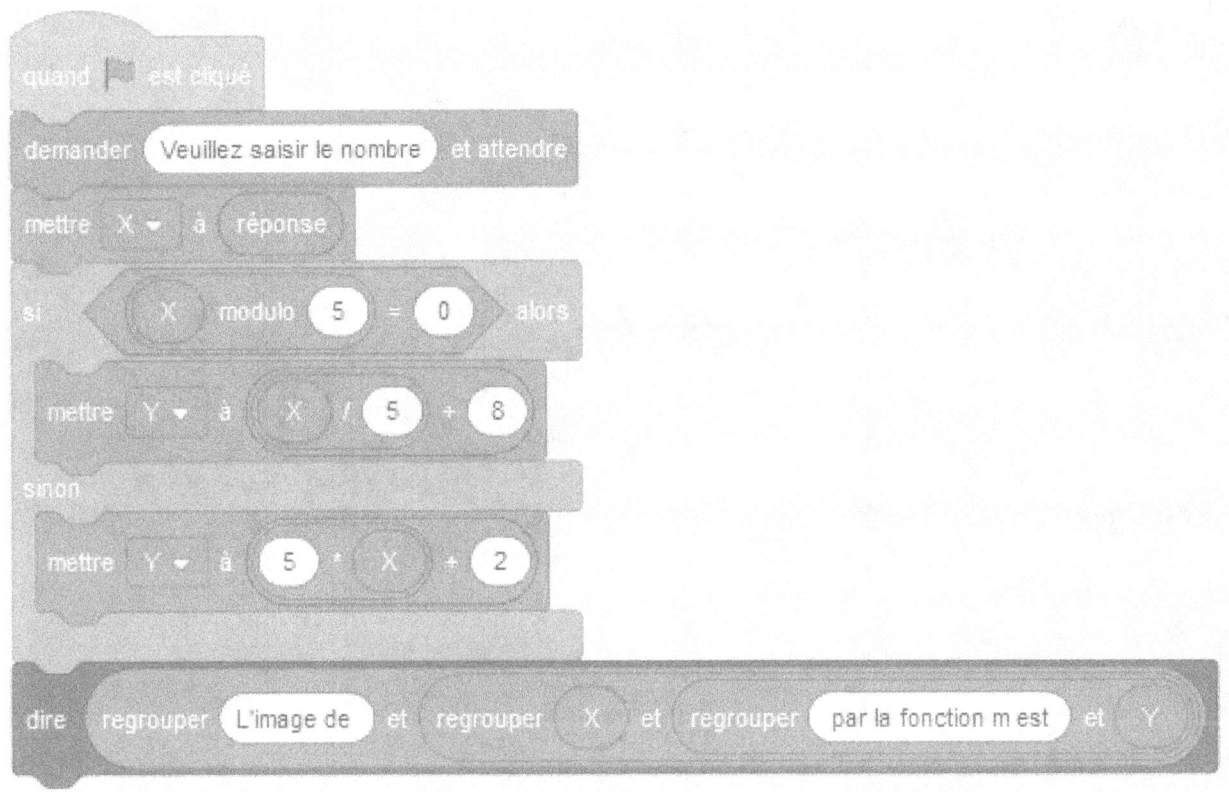

3) En utilisant l'exemple ci-dessus, écrire le programme qui calcule l'image d'un nombre entier saisi par l'utilisateur par la fonction I de la forme :

si x est divisible par 3 alors $I(x) = \dfrac{4x}{3}$

si x est divisible par 4 mais pas par 3 alors $I(x) = \dfrac{3x}{4}$

sinon $I(x) = 12x - 7$

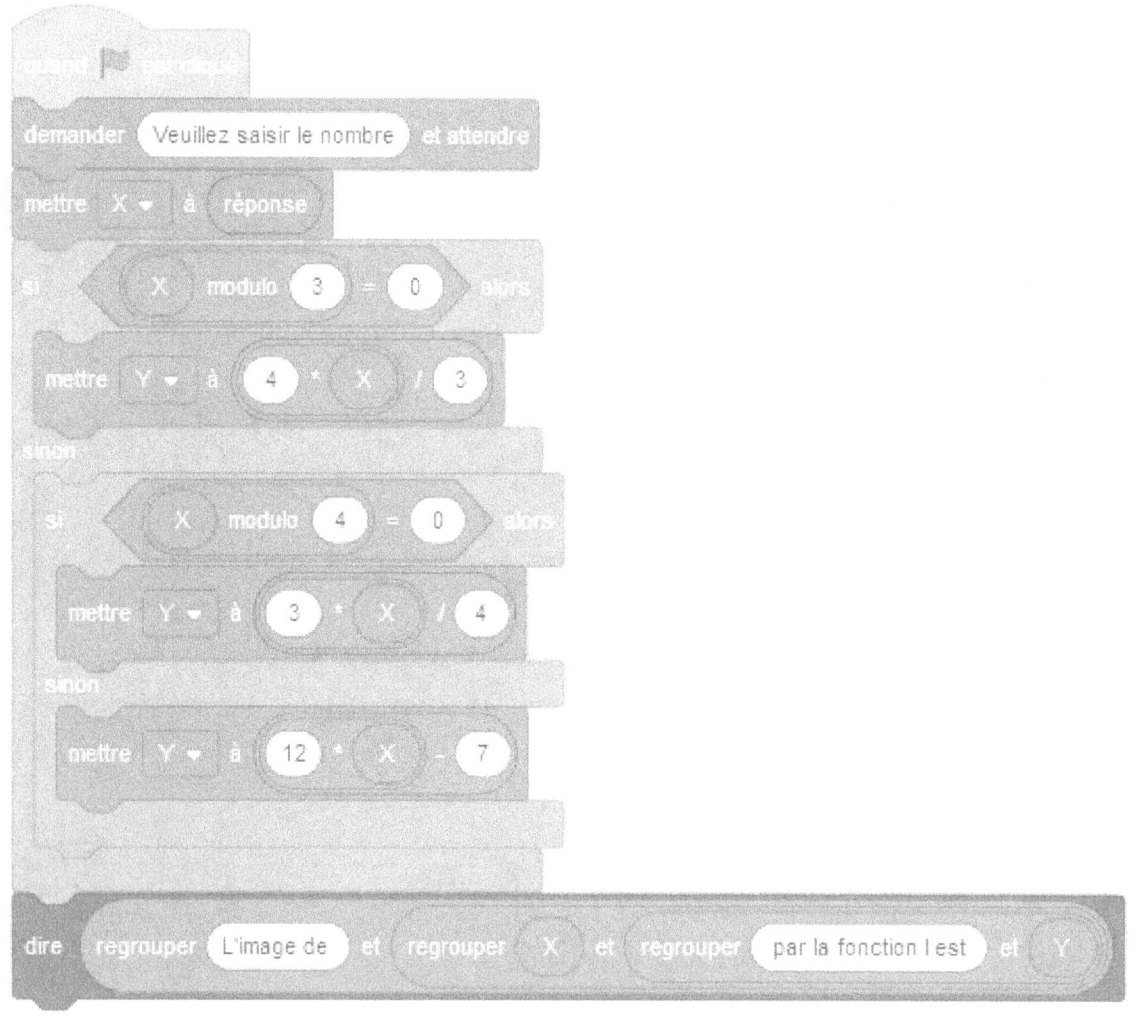

Leçon 12 :

1) En utilisant l'exemple ci-dessus, écrire le programme qui donne la solution d'équations de la forme ax + b = 0.

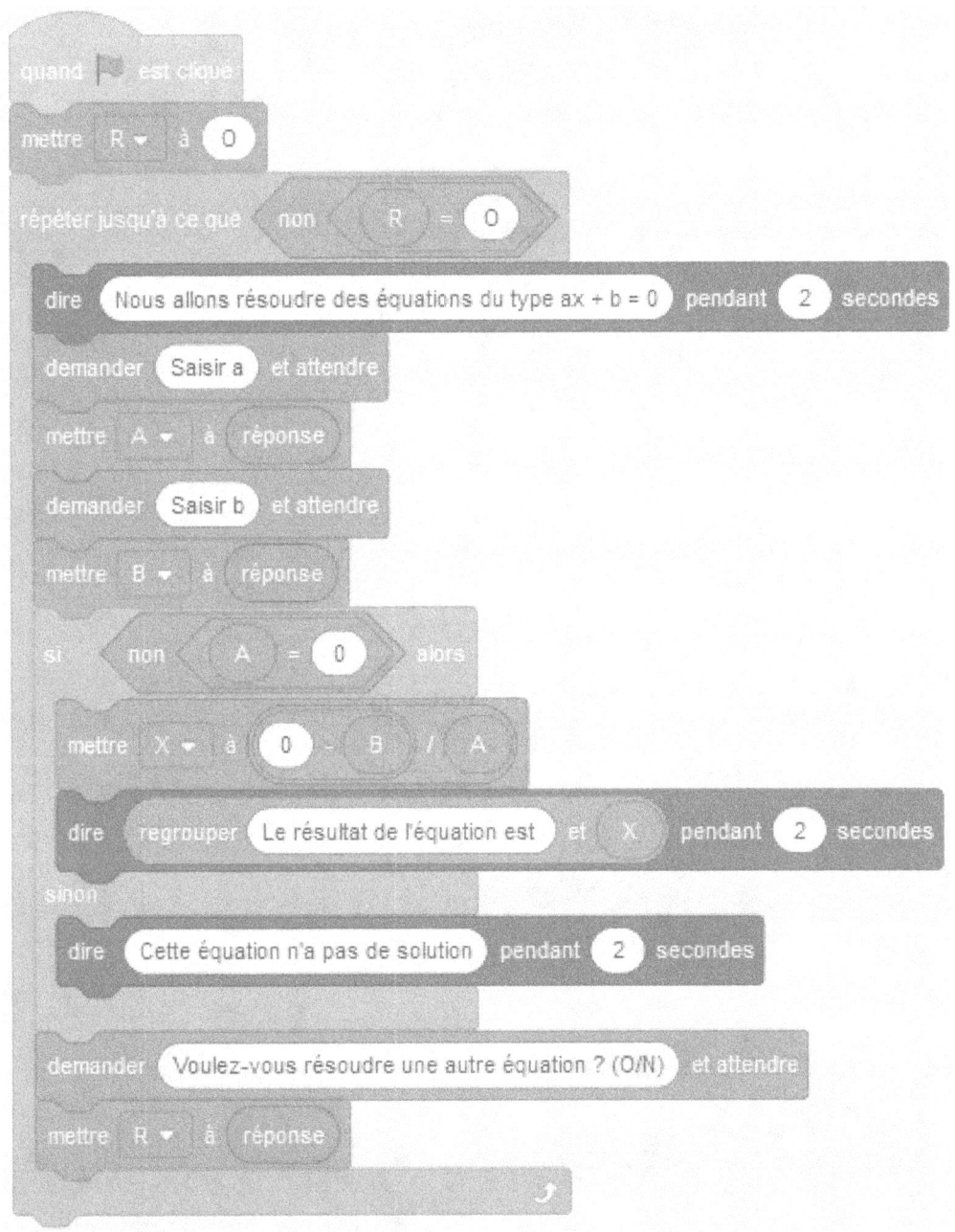

2) En utilisant l'exemple ci-dessus, écrire le programme qui donne la solution d'équations de la forme ax + b = c.

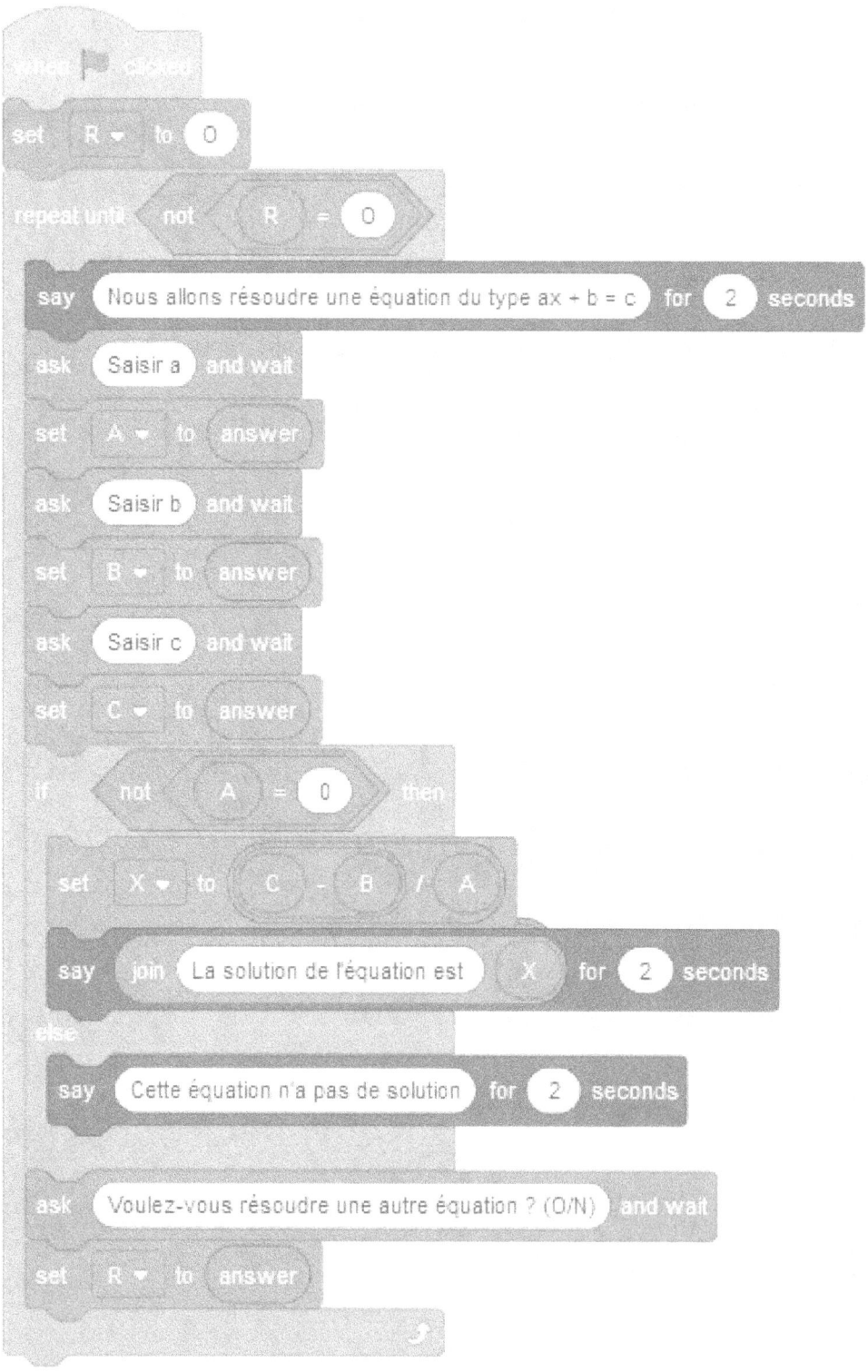

3) En utilisant l'exemple ci-dessus, écrire le programme qui donne la solution d'équations de la forme ax + b = cx.

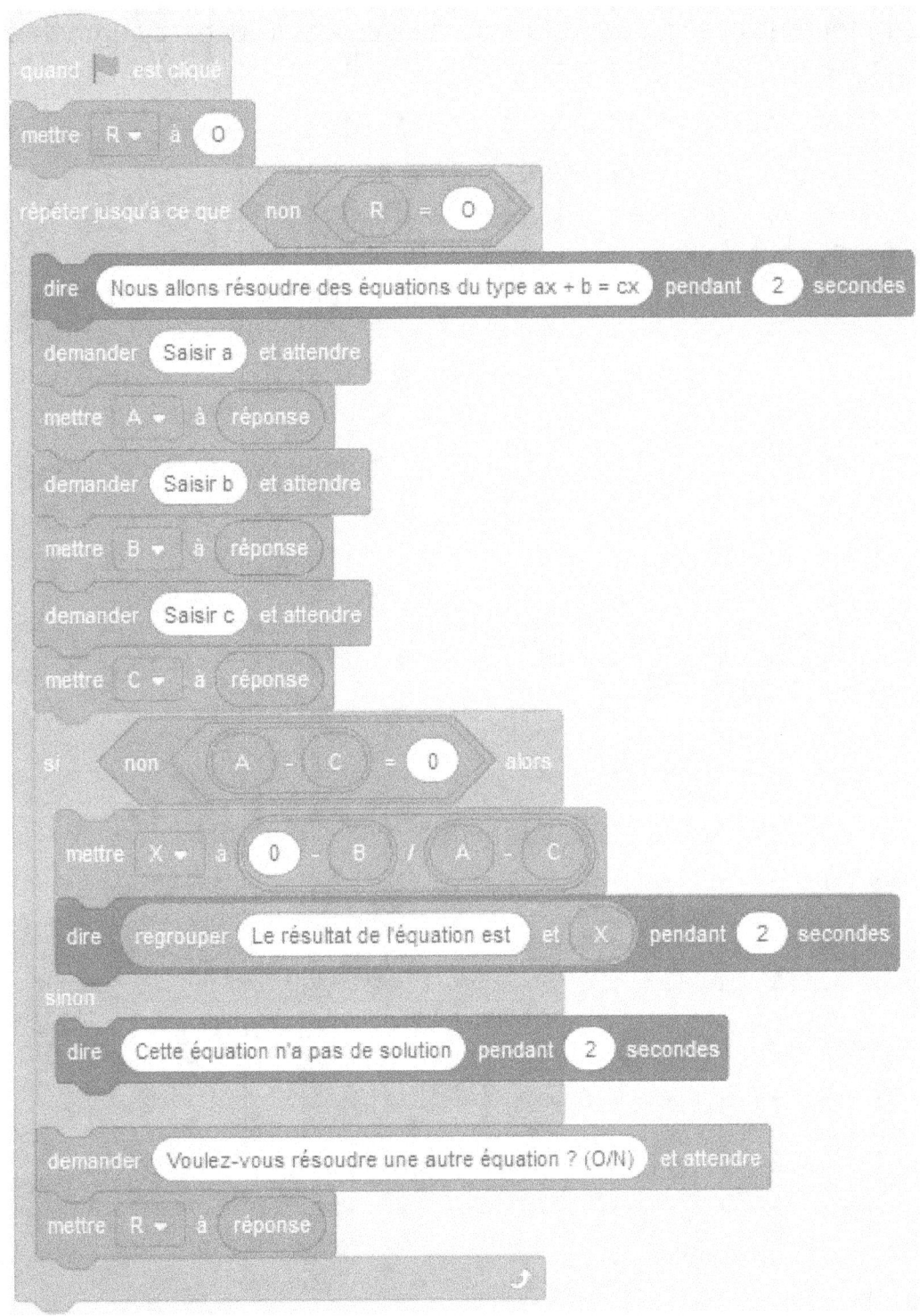

Leçon 13 :

1) En utilisant l'exemple ci-dessus, écrire le programme qui calcule le temps nécessaire à obtenir un montant désiré quand la somme versée au départ augmente de 1 à chaque versement.

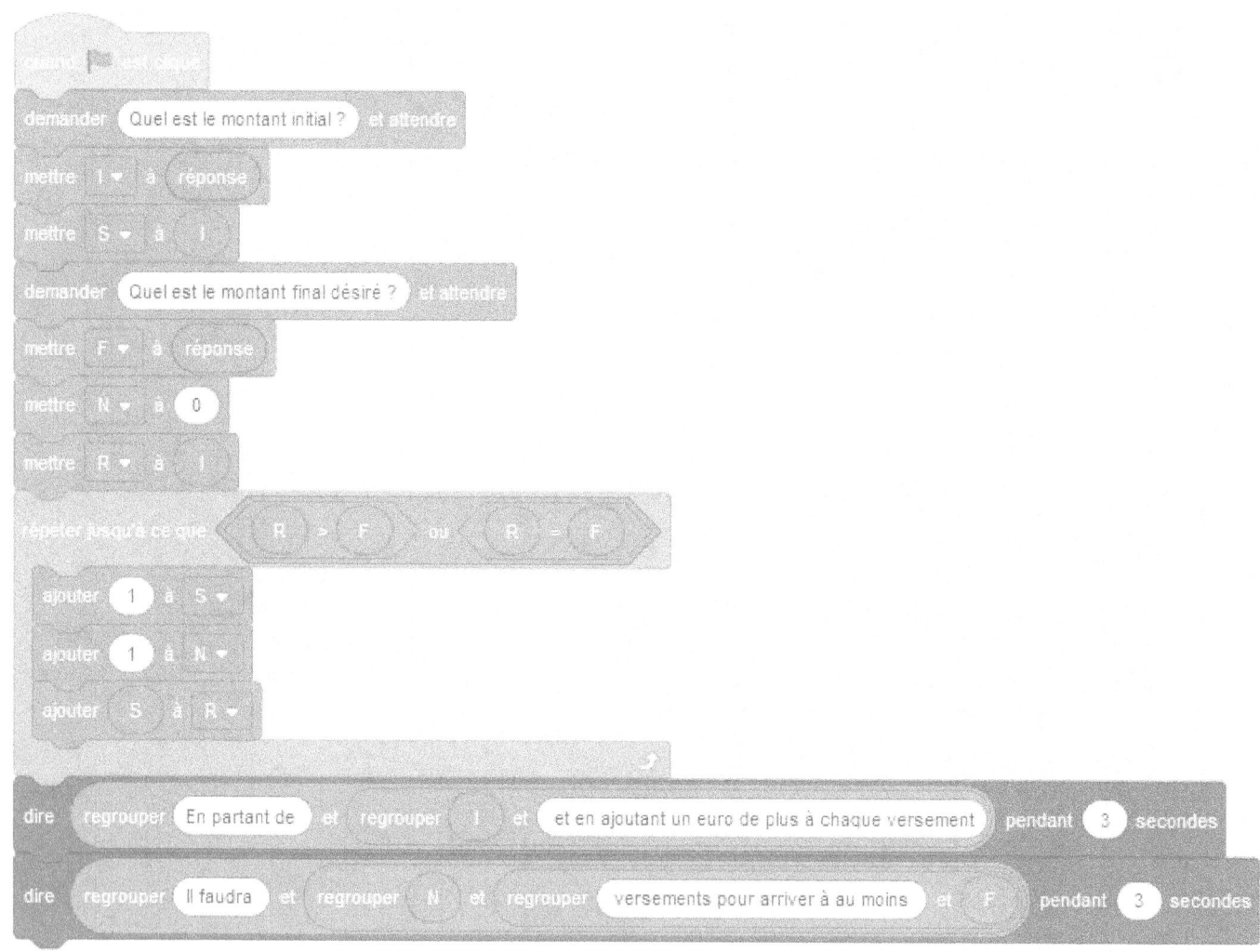

2) En utilisant l'exemple ci-dessus, écrire le programme qui calcule le temps nécessaire à obtenir un montant désiré quand la somme versée est multipliée par le nombre de versements effectués à chaque versement. Pour cela, il faudra multiplier I par N.

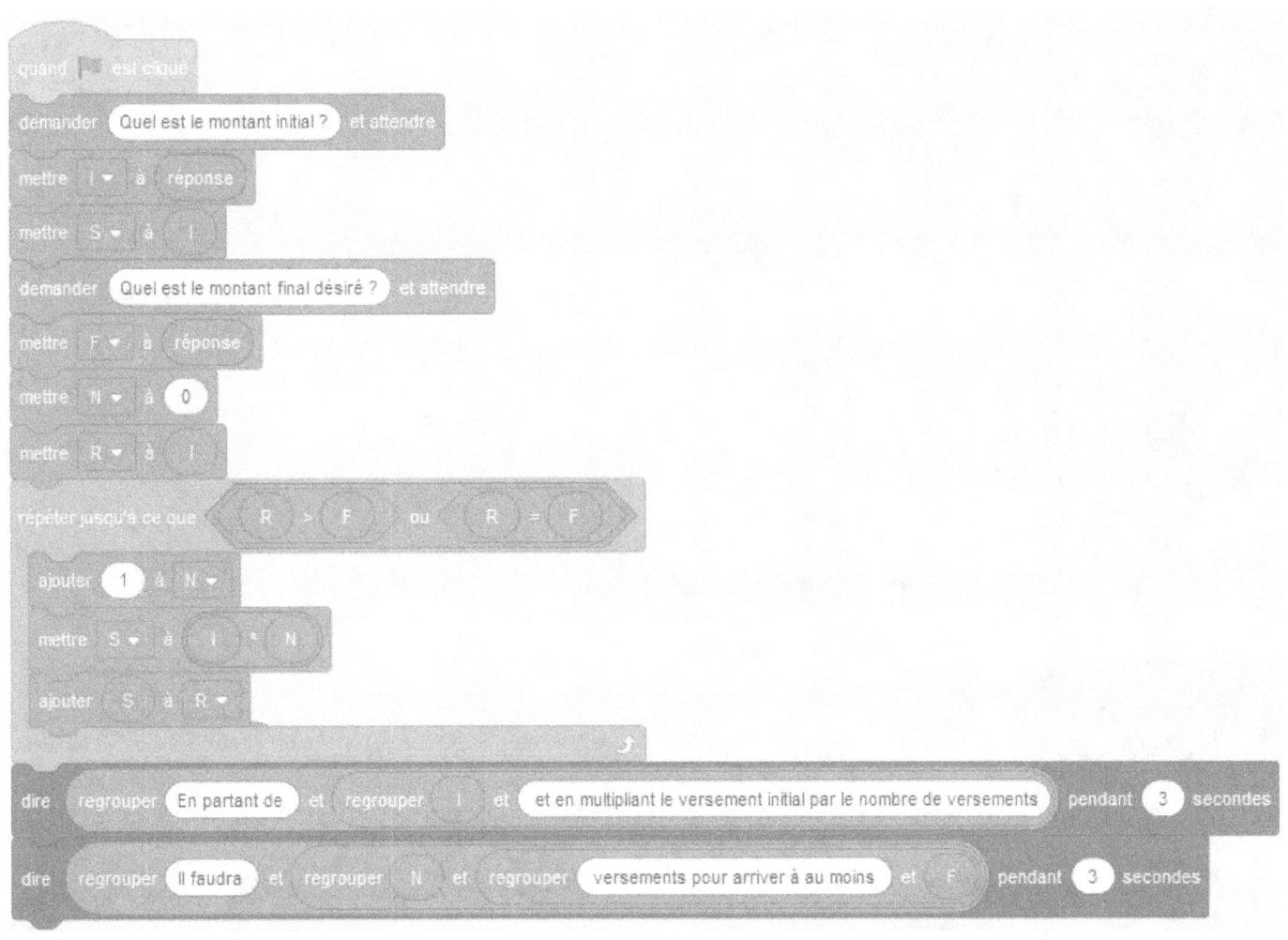

3) En utilisant l'exemple ci-dessus, ajouter une boucle qui permet de continuer le premier programme tant que l'utilisateur choisit de continuer.

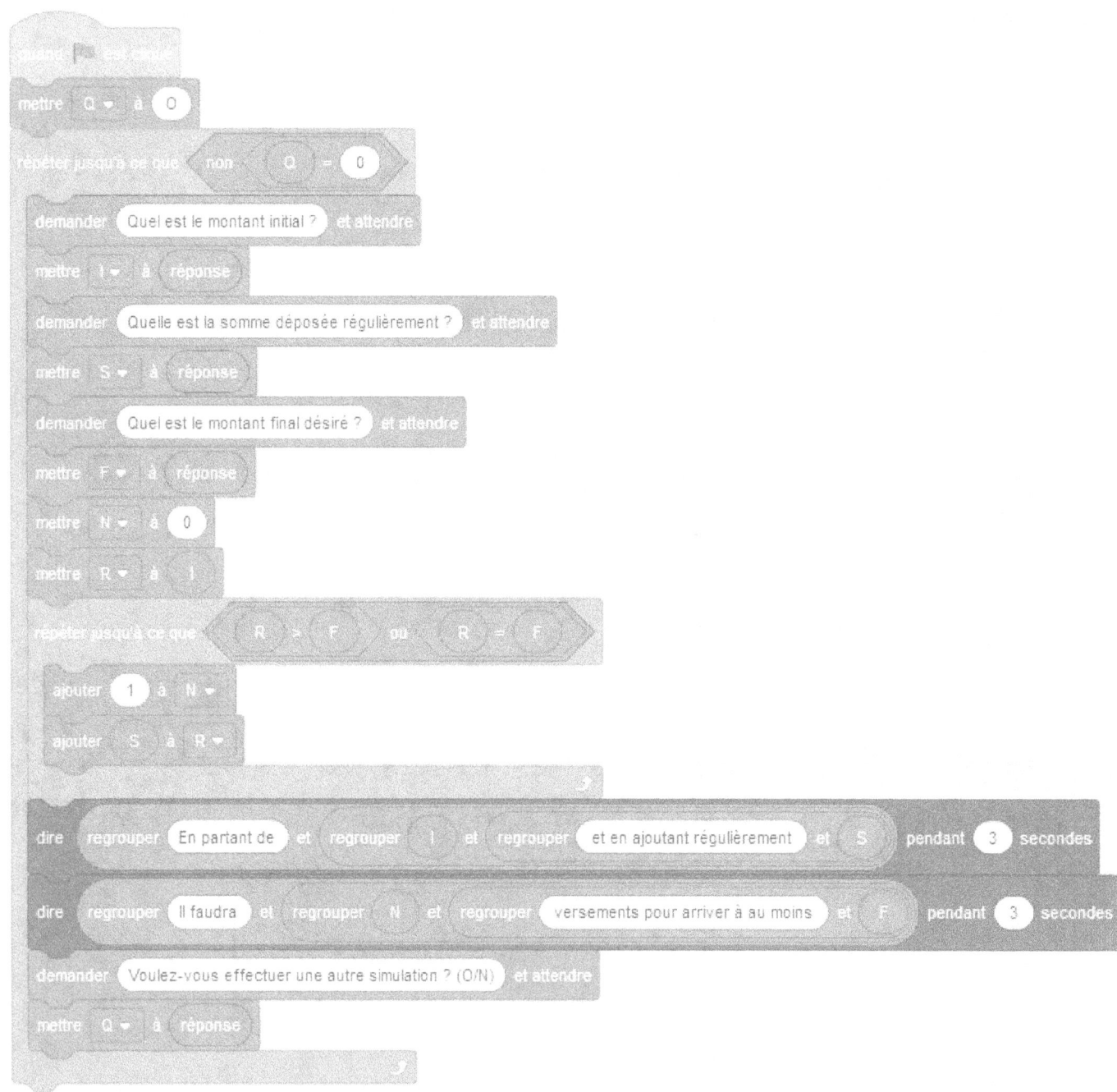

Leçon 14 :

1) En utilisant l'exemple ci-dessus, écrire le programme qui calcule la somme de plusieurs nombres.

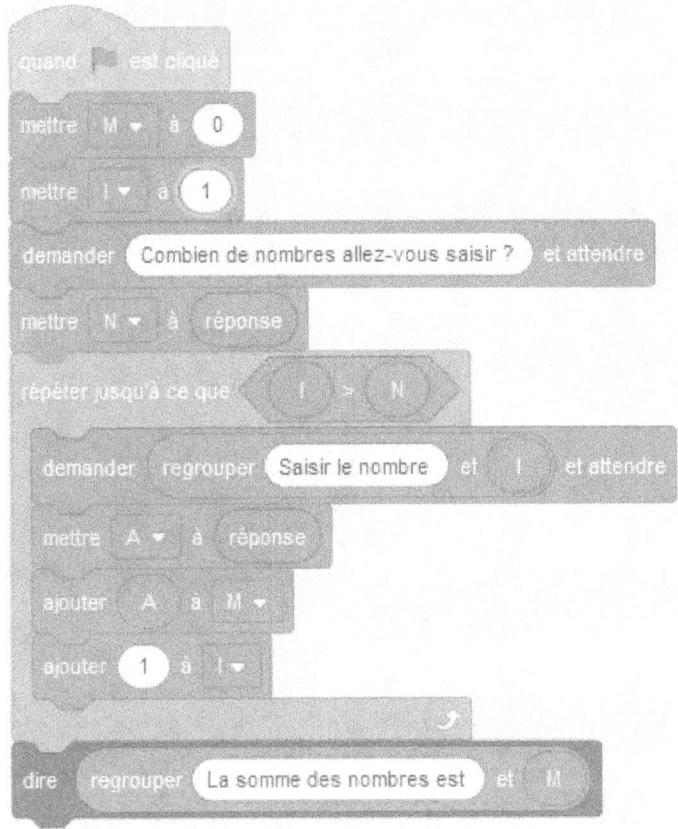

2) En utilisant l'exemple ci-dessus, écrire le programme qui calcule le produit de plusieurs nombres.

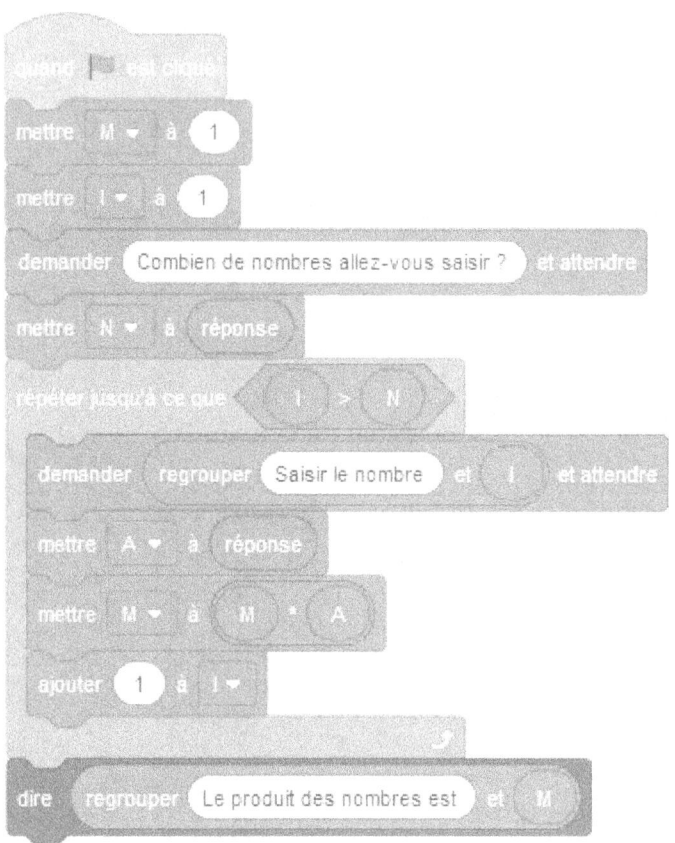

3) En utilisant l'exemple ci-dessus, écrire le programme qui calcule une moyenne pondérée. Pour cela, il faut ajouter une variable K dans laquelle l'utilisateur saisira le coefficient de chaque nombre et une variable T qui calculera le nombre par lequel on divisera la somme des nombres pondérés. C'est-à-dire qu'on écrira :

$$M \leftarrow M + A * K$$

$$T \leftarrow T + K$$

dans la boucle. Puis il faudra changer la division finale et remplacer N par T.

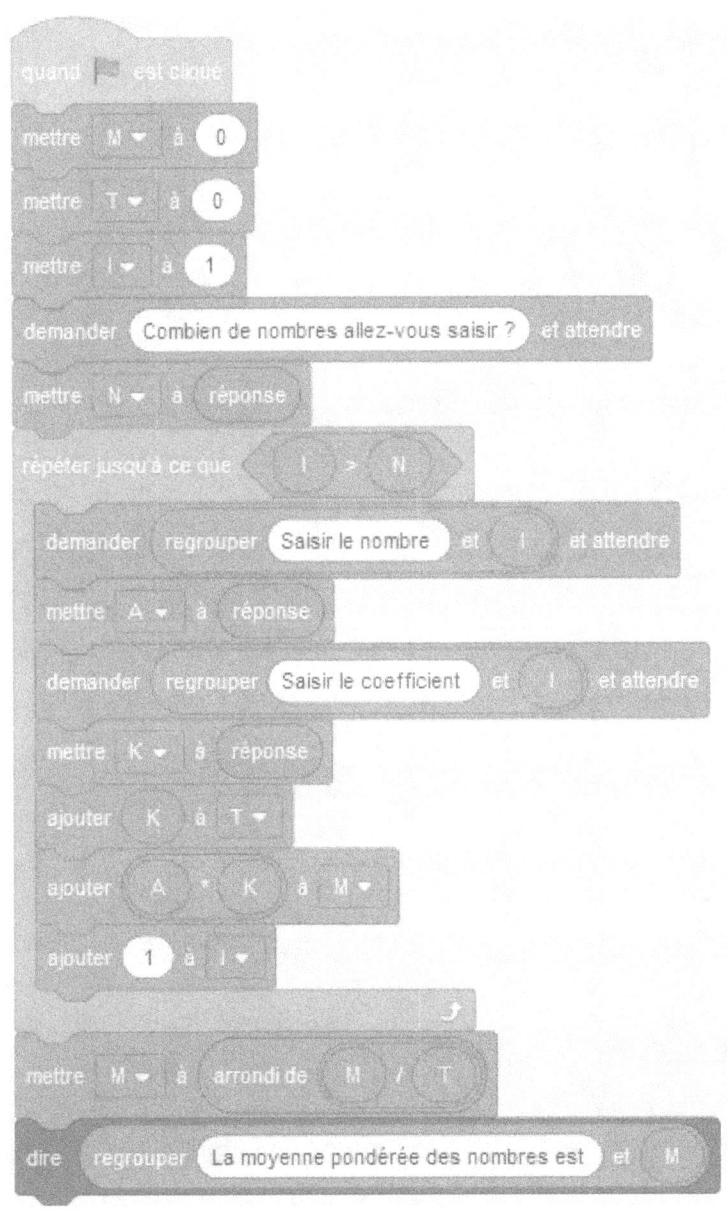

Leçon 15 :

1) En utilisant l'exemple ci-dessus, écrire l'algorithme et le programme qui donne le plus petit nombre d'une série de dix.

Algorithme :

Variables :

A est un nombre

B est un nombre

N est un nombre

Début

A ← 0

B ← 999999999999

N ← 1

Tant que N < 11

  Afficher "Veuillez saisir le nombre n° ",N," : "

  Lire A

  Si A < B

  Alors

    B ← A

  FinSi

FinTant que

Afficher "Le plus petit nombre est : ",B

Fin

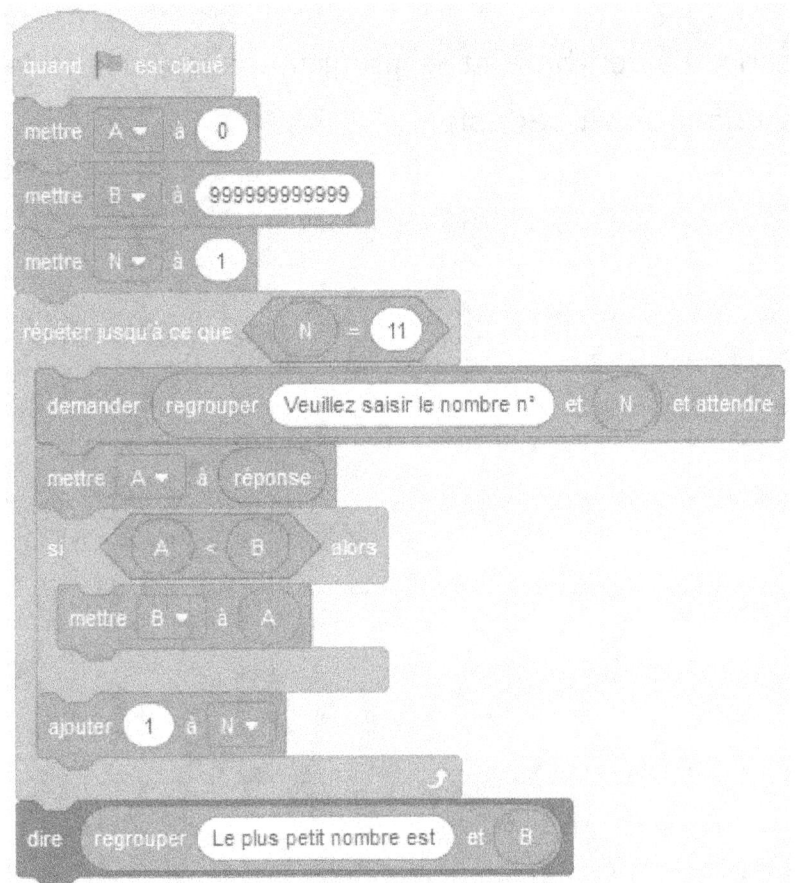

```
quand ⚐ est cliqué
mettre A ▾ à 0
mettre B ▾ à 999999999999
mettre N ▾ à 1
répéter jusqu'à ce que  N = 11
    demander regrouper Veuillez saisir le nombre n° et N et attendre
    mettre A ▾ à réponse
    si  A < B  alors
        mettre B ▾ à A
    ajouter 1 à N ▾
dire regrouper Le plus petit nombre est et B
```

2) En utilisant l'exemple ci-dessus, écrire l'algorithme et le programme qui donne le plus grand nombre d'une série dont la quantité est variable.

Algorithme :

<u>Variables :</u>

A est un nombre

B est un nombre

N est un nombre

R est du texte

<u>Début</u>

A ← 0

B ← 0

N ← 0

R ← "O"

Tant que R = "O"

      N ← N + 1

      Afficher "Veuillez saisir le nombre n° ",N," : "

      Lire A

      Si B < A

      Alors

          B ← A

      FinSi

      Afficher "Voulez-vous saisir un autre nombre (O/N) ? "

      Lire R

FinTant que

Afficher "Le plus grand nombre est : ",B

<u>Fin</u>

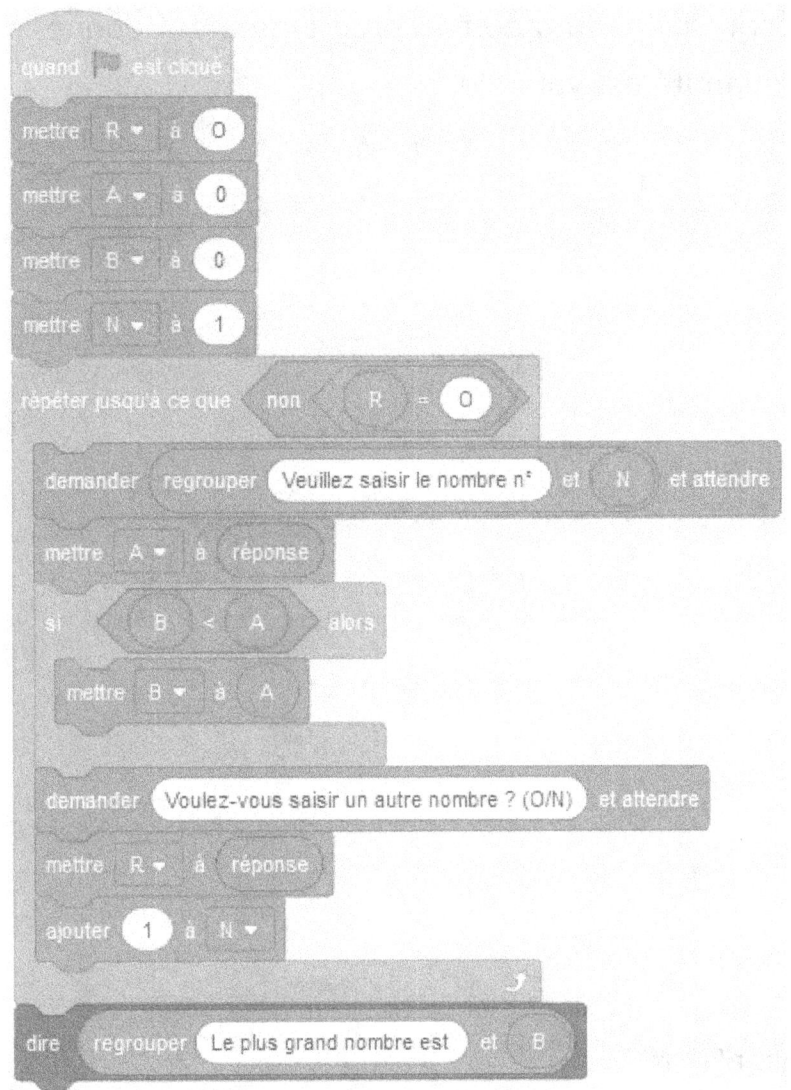

```
quand [drapeau] est cliqué
mettre R ▾ à 0
mettre A ▾ à 0
mettre B ▾ à 0
mettre N ▾ à 1
répéter jusqu'à ce que < non < R = 0 >>
    demander regrouper (Veuillez saisir le nombre n°) et (N) et attendre
    mettre A ▾ à réponse
    si < B < A > alors
        mettre B ▾ à A
    demander (Voulez-vous saisir un autre nombre ? (O/N)) et attendre
    mettre R ▾ à réponse
    ajouter 1 à N ▾
dire regrouper (Le plus grand nombre est) et (B)
```

3) En utilisant l'exemple ci-dessus, écrire l'algorithme et le programme qui donne le plus petit nombre d'une série dont la quantité est variable.

Algorithme :

<u>Variables :</u>

A est un nombre

B est un nombre

N est un nombre

R est du texte

<u>Début</u>

A ← 0

B ← 99999999999

N ← 0

R ← "O"

Tant que R = "O"

      N ← N + 1

      Afficher "Veuillez saisir le nombre n° ",N," : "

      Lire A

      Si A < B

      Alors

            B ← A

      FinSi

      Afficher "Voulez-vous saisir un autre nombre (O/N) ? "

      Lire R

FinTant que

Afficher "Le plus petit nombre est : ",B

<u>Fin</u>

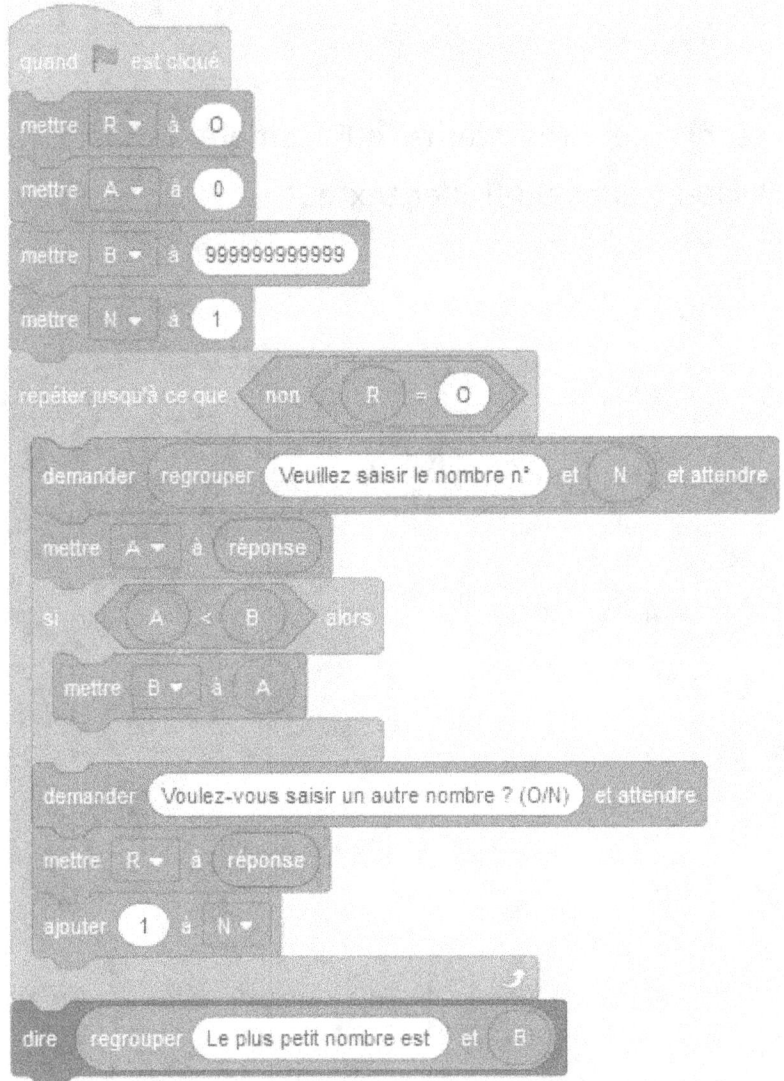

```
quand [drapeau] est cliqué
mettre R ▾ à ( 0 )
mettre A ▾ à ( 0 )
mettre B ▾ à ( 999999999999 )
mettre N ▾ à ( 1 )

répéter jusqu'à ce que < non < R = ( 0 ) >>
    demander ( regrouper ( Veuillez saisir le nombre n° ) et ( N )) et attendre
    mettre A ▾ à ( réponse )
    si < A < B > alors
        mettre B ▾ à ( A )
    demander ( Voulez-vous saisir un autre nombre ? (O/N) ) et attendre
    mettre R ▾ à ( réponse )
    ajouter ( 1 ) à N ▾

dire ( regrouper ( Le plus petit nombre est ) et ( B ))
```

Leçon 16 :

1) En utilisant l'exemple ci-dessus, écrire le programme qui compte le nombre d'apparition d'une lettre saisie par l'utilisateur dans un fichier texte.

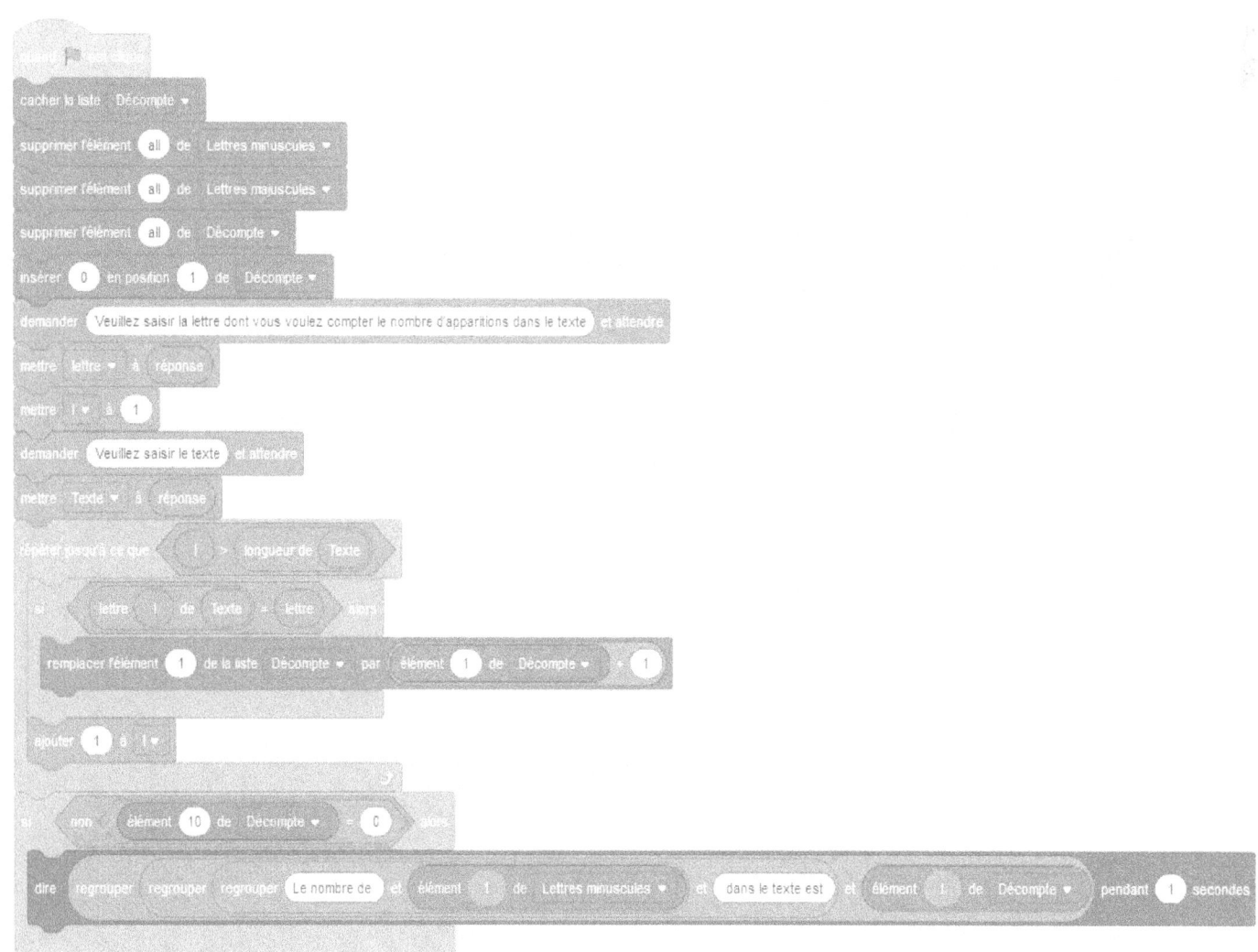

2) En utilisant l'exemple ci-dessus, écrire le programme qui donne le nombre d'apparition de plusieurs lettres saisies par l'utilisateur dans un fichier texte.

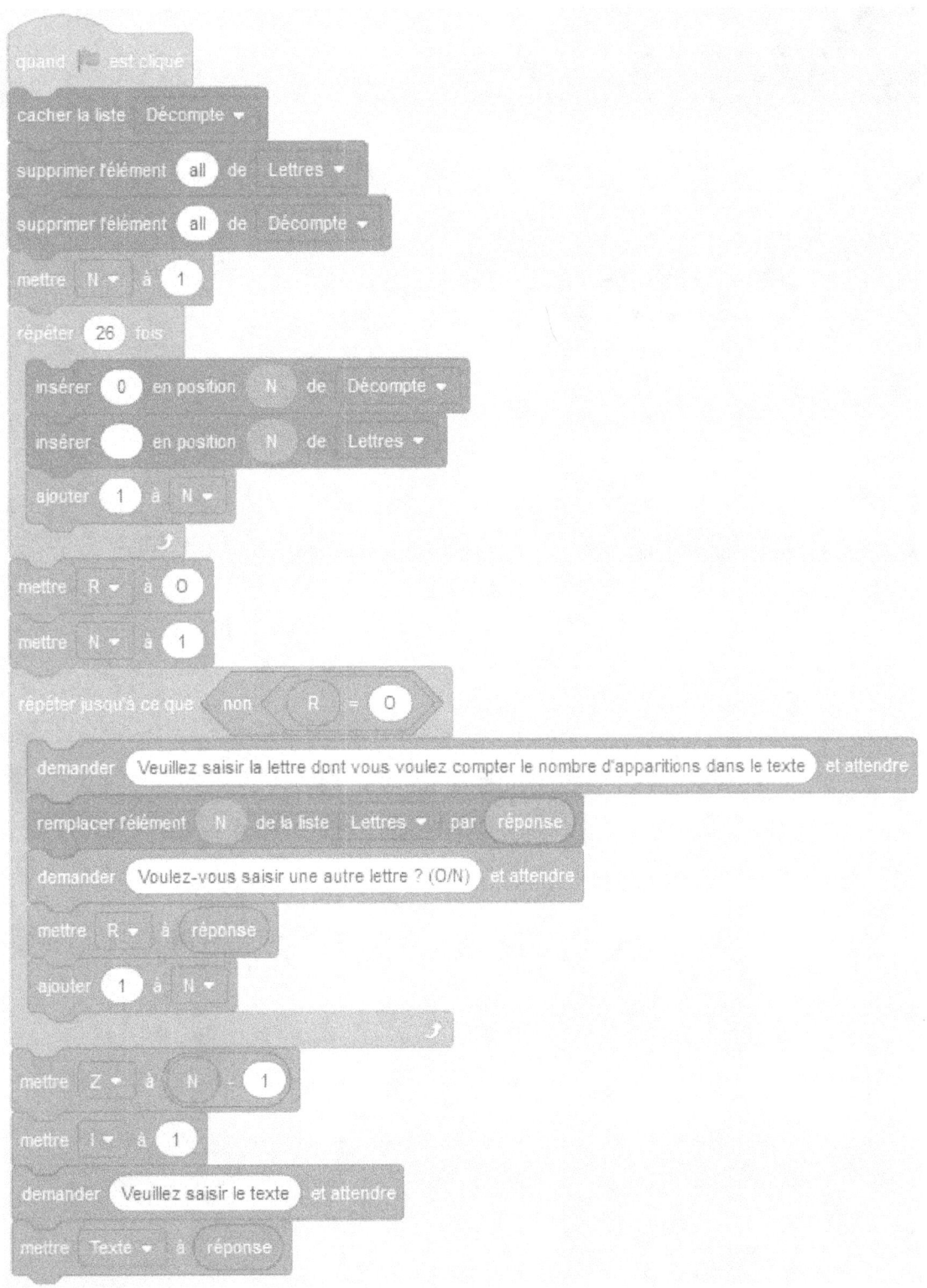

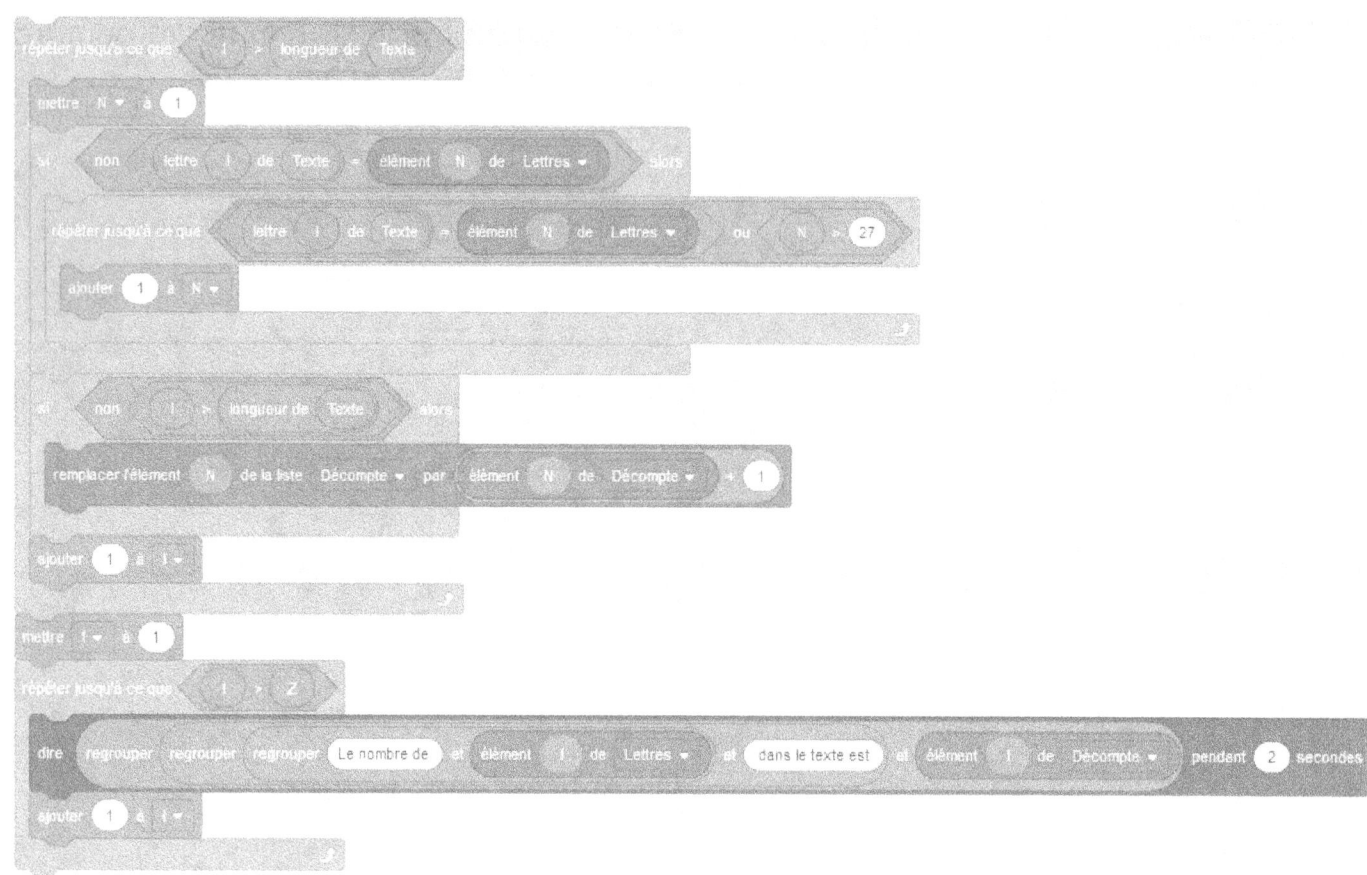

répéter jusqu'à ce que (I > longueur de Texte)

mettre N ▾ à 1

si (non (lettre I de Texte = élément N de Lettres ▾)) alors

répéter jusqu'à ce que (lettre I de Texte = élément N de Lettres ▾ ou N > 27)

ajouter 1 à N ▾

si (non (I > longueur de Texte)) alors

remplacer l'élément N de la liste Décompte ▾ par (élément N de Décompte ▾ + 1)

ajouter 1 à I ▾

mettre I ▾ à 1

répéter jusqu'à ce que (I > Z)

dire (regrouper regrouper regrouper (Le nombre de) et (élément I de Lettres ▾) et (dans le texte est) et (élément I de Décompte ▾)) pendant 2 secondes

ajouter 1 à I ▾

3) En utilisant l'exemple ci-dessus, écrire le programme qui donne la fréquence d'apparition des lettres dans un fichier texte

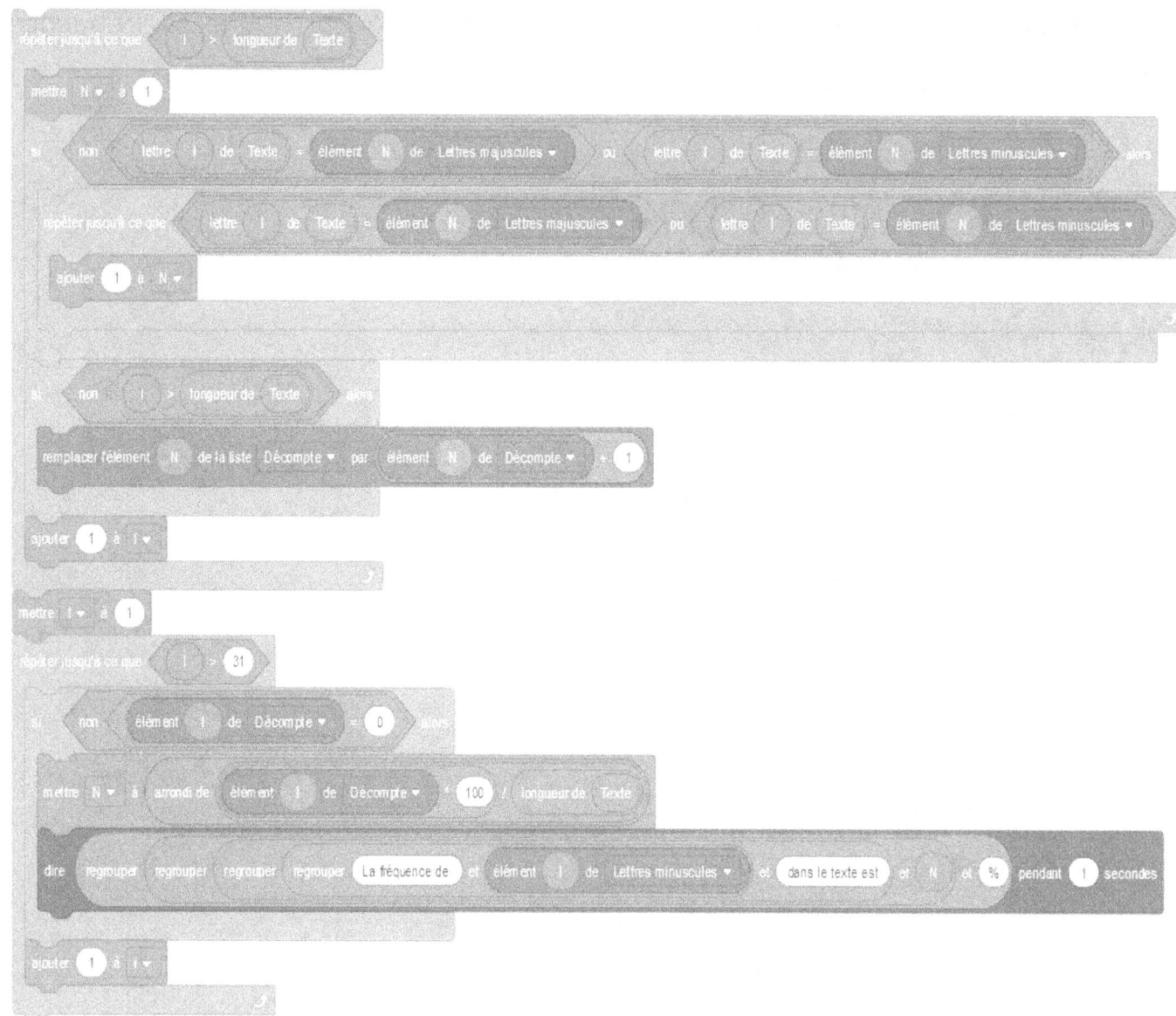

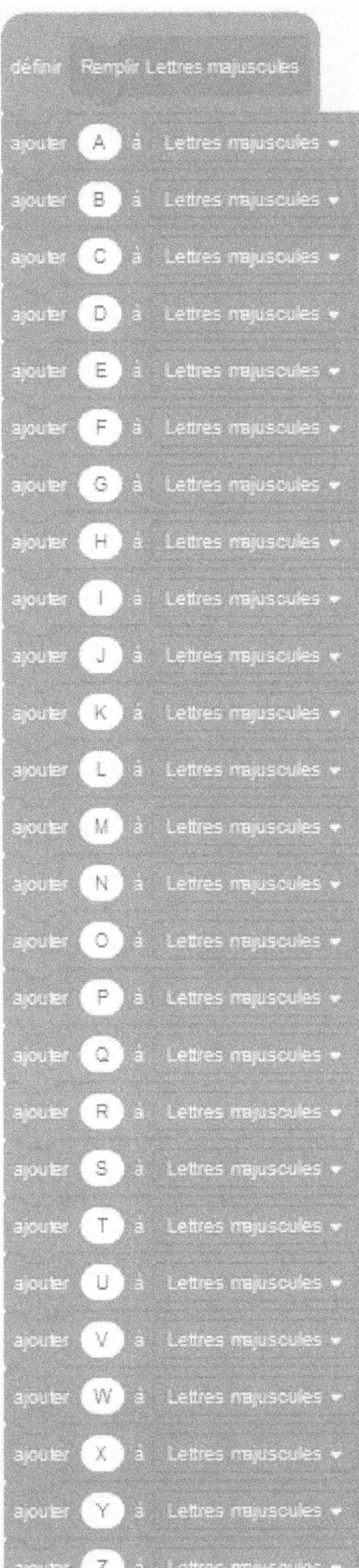

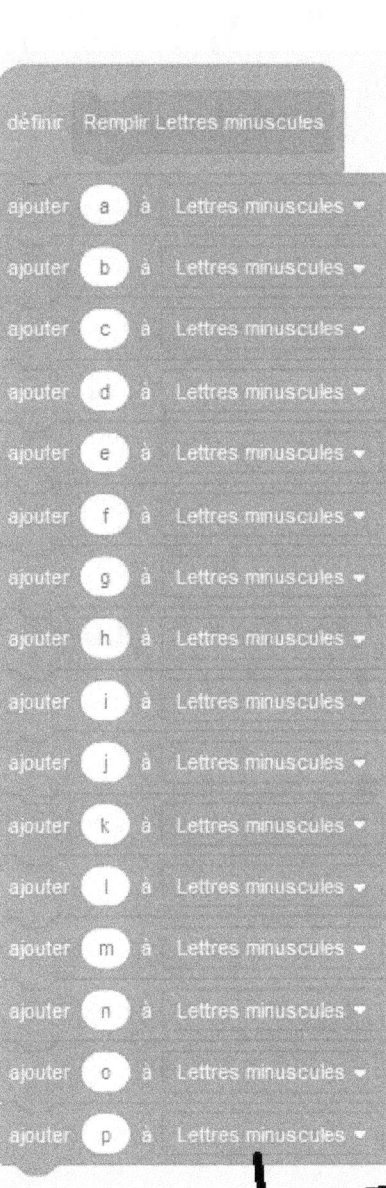

ces deux blocs d'instructions n'en font qu'un en réalité, j'ai dû les séparer pour que ce soit lisible.

173

Leçon 17 :

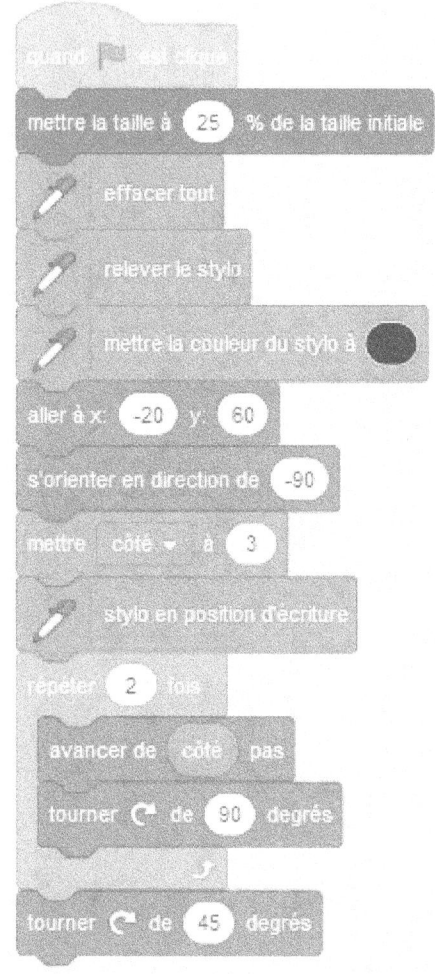

Leçon 18 :

Variante :

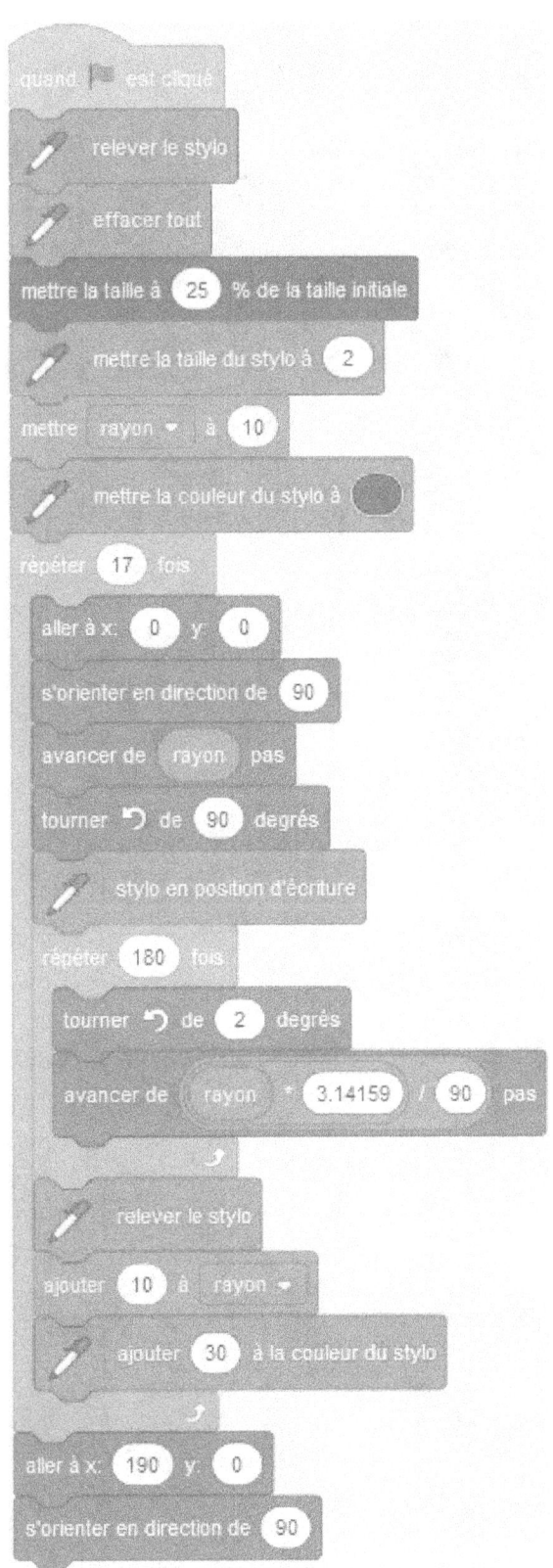

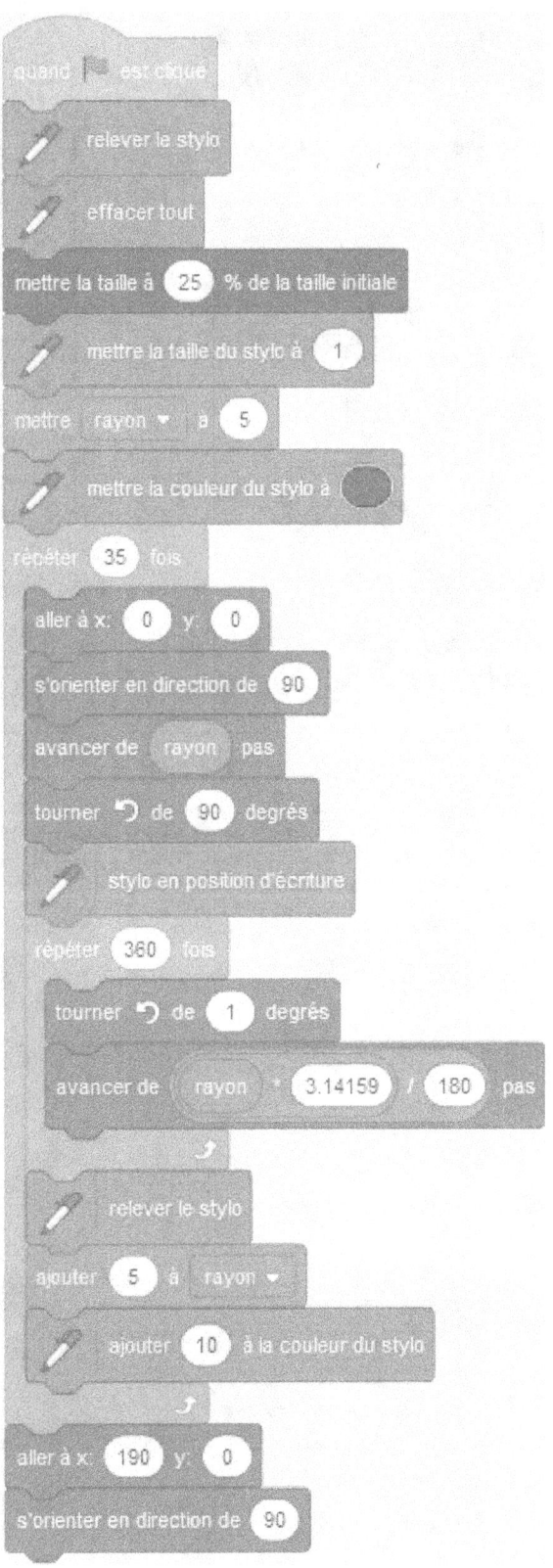

Leçon 19 :

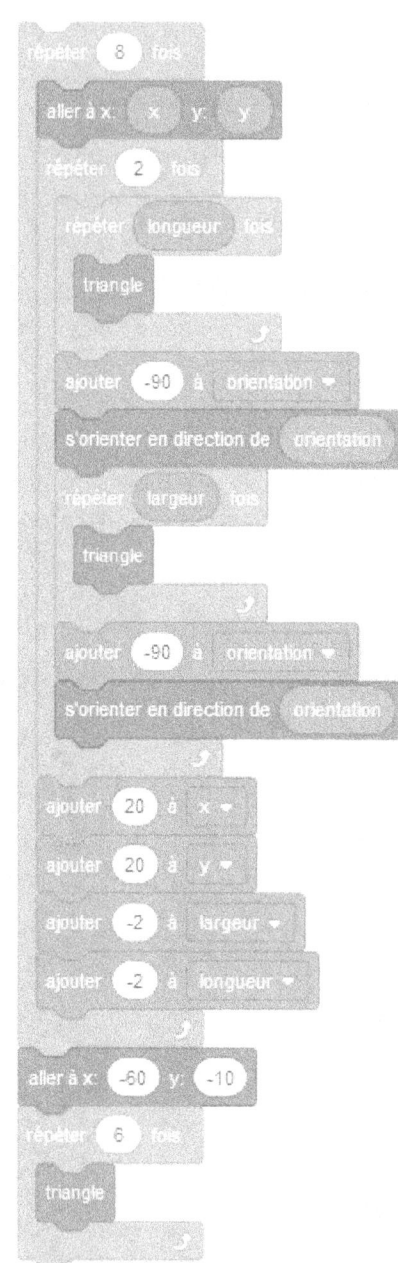

Leçon 20 :

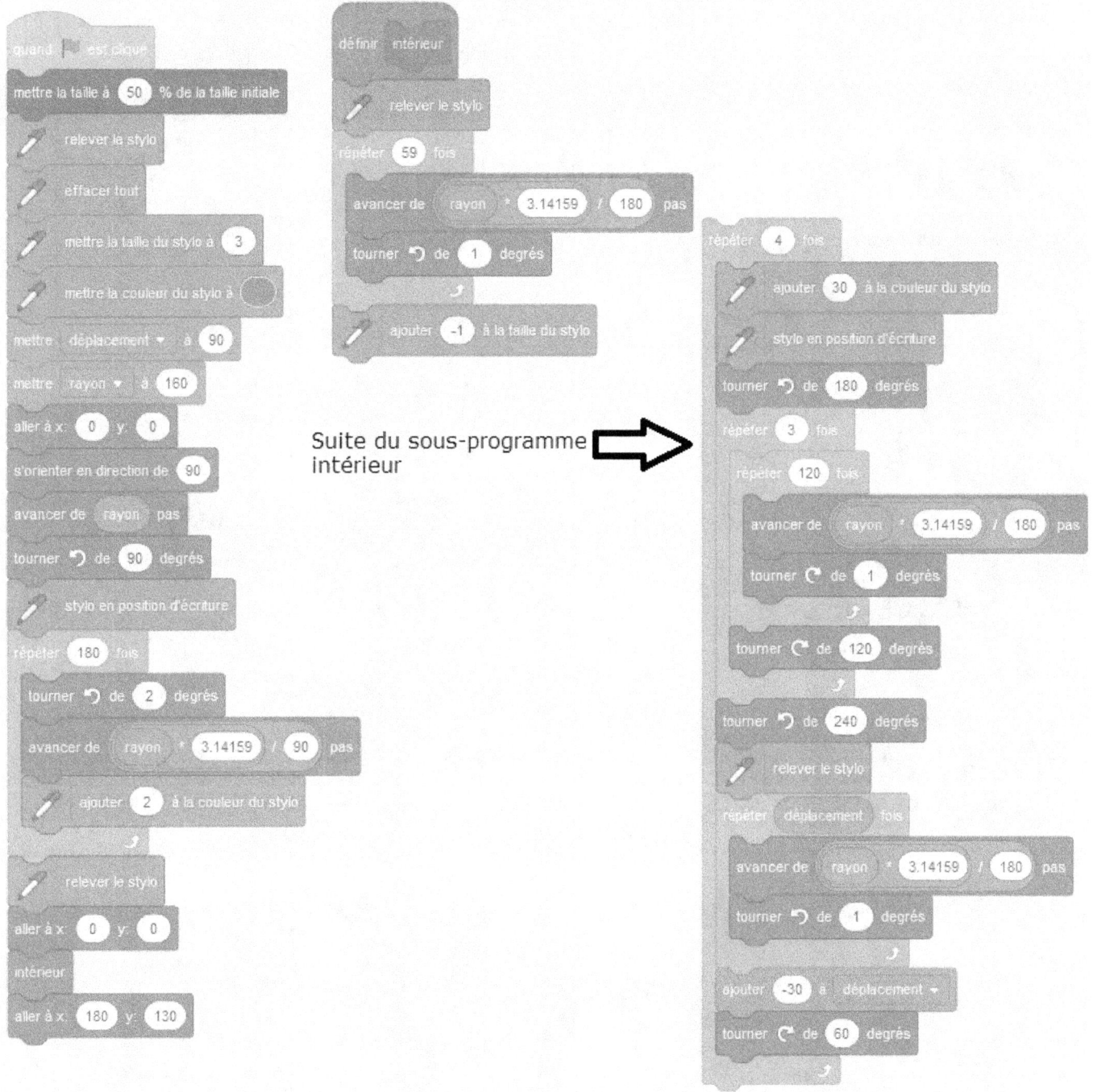

Suite du sous-programme
intérieur

Leçon 21 :

La deuxième partie du script est incluse dans la boucle répéter indéfiniment :

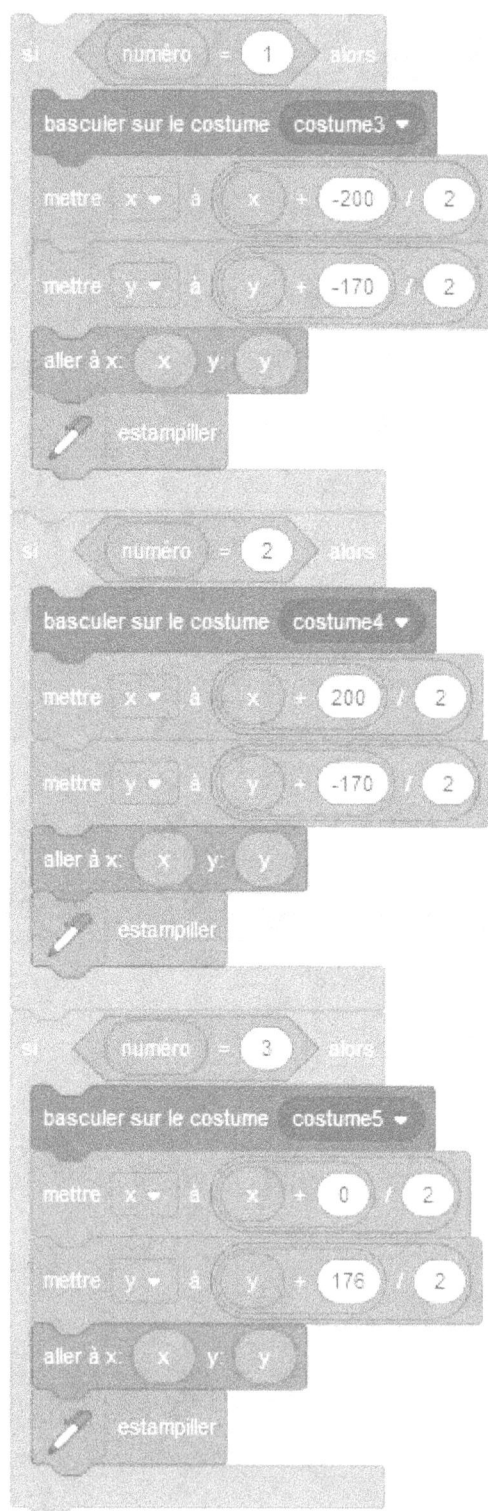

Leçon 22 :

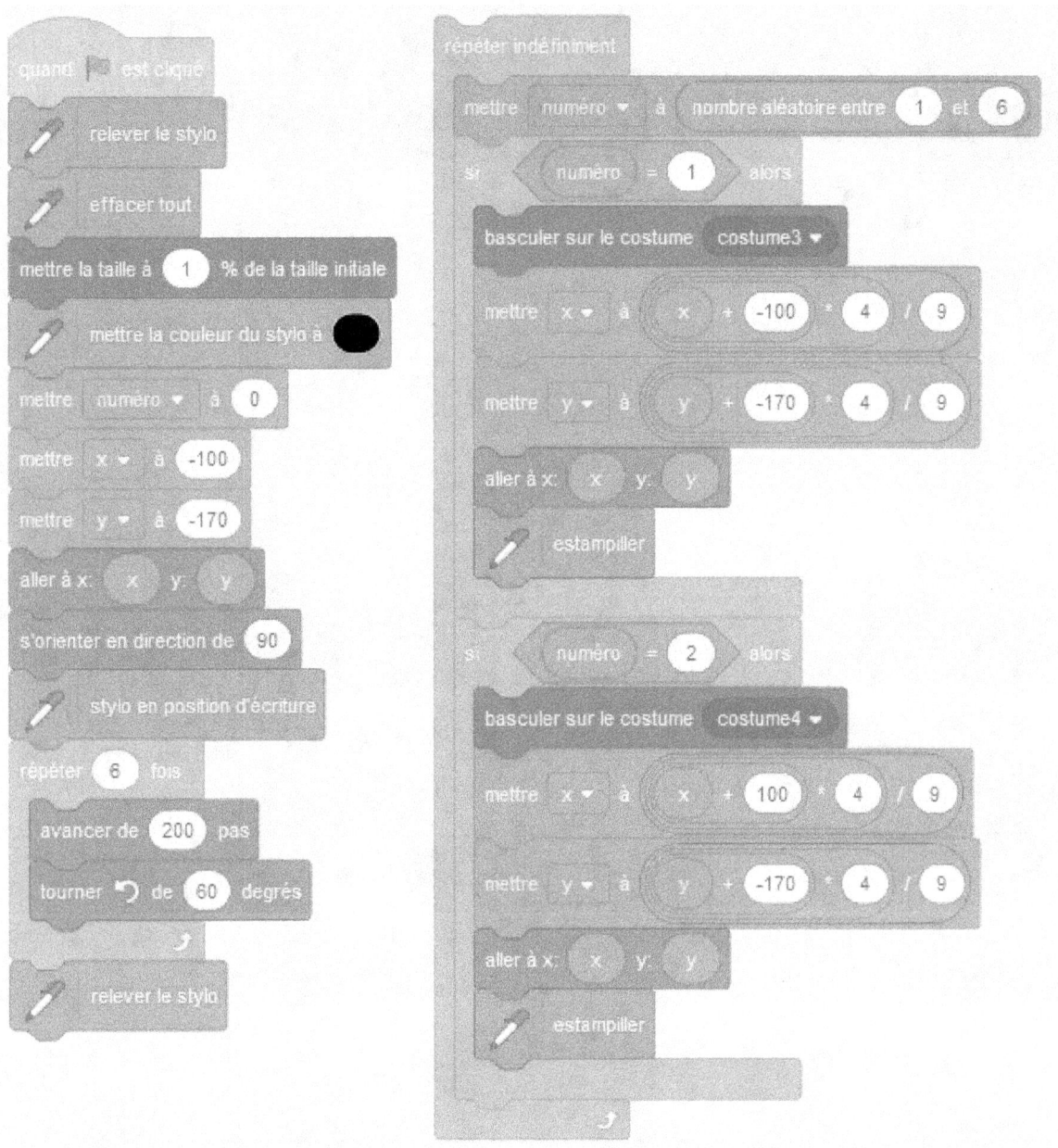

Ces deux parties du script sont incluses dans la boucle répéter indéfiniment, à la suite l'une de l'autre :

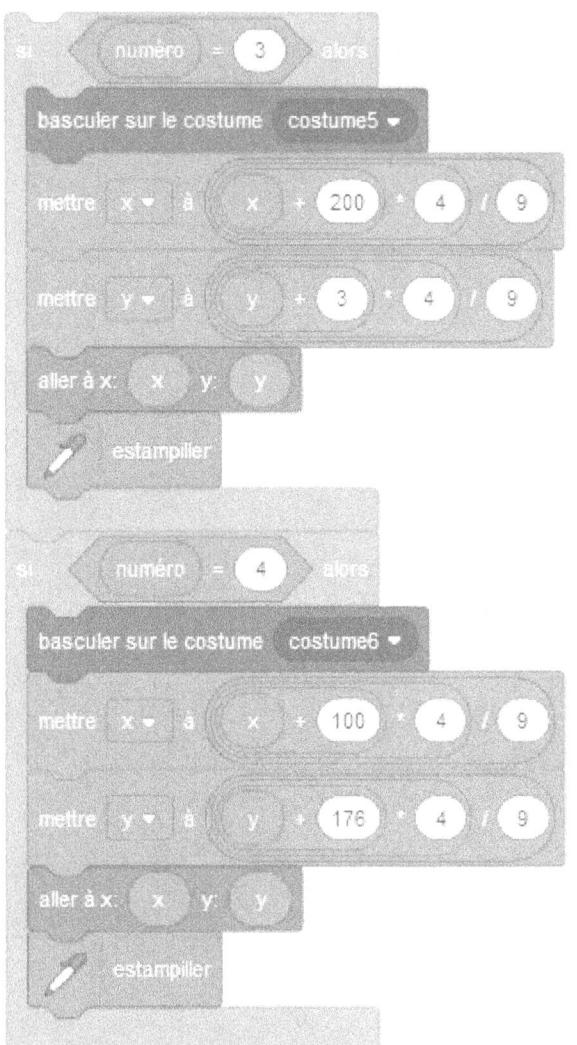

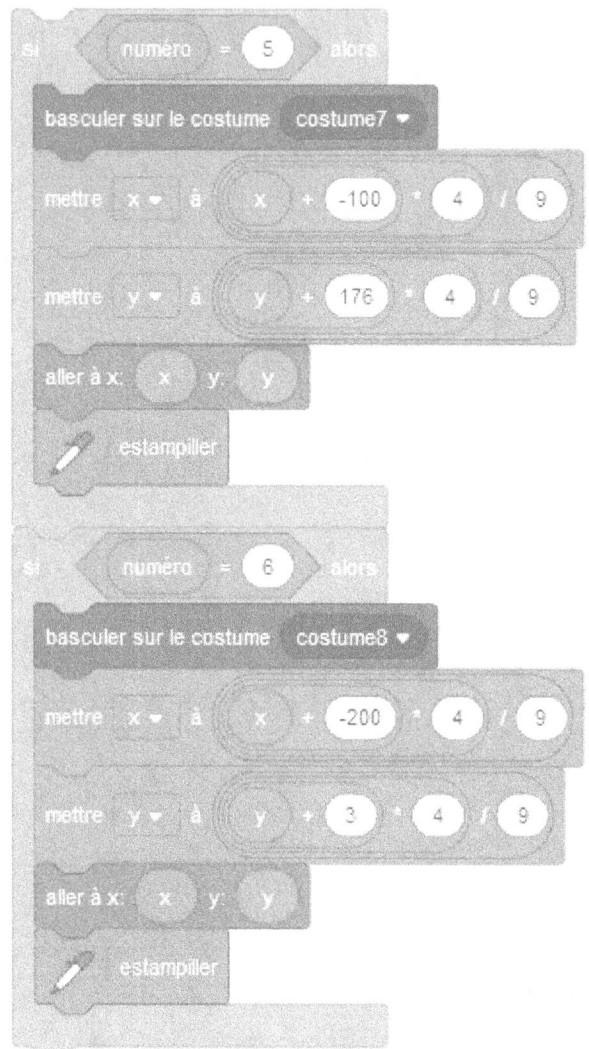